数学思维秘籍

图解法学数学，很简单

② 图解运算

四川教育出版社

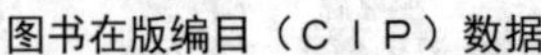

图书在版编目（CIP）数据

数学思维秘籍 ：图解法学数学，很简单. 2，图解运算 / 刘薰宇著. -- 成都 ：四川教育出版社，2020.10

ISBN 978-7-5408-7414-8

Ⅰ. ①数… Ⅱ. ①刘… Ⅲ. ①数学－青少年读物 Ⅳ. ①01-49

中国版本图书馆CIP数据核字(2020)第147842号

数学思维秘籍　图解法学数学，很简单　2图解运算

SHUXUE SIWEI MIJI TUJIEFA XUE SHUXUE HEN JIANDAN 2 TUJIE YUNSUAN

刘薰宇　著

出 品 人　雷　华

责任编辑　吴贵启

封面设计　郭红玲

版式设计　石　莉

责任校对　林蓓蓓

责任印制　高　怡

出版发行　四川教育出版社

地　　址　四川省成都市黄荆路13号

邮政编码　610225

网　　址　www.chuanjiaoshe.com

制　　作　大华文苑（北京）图书有限公司

印　　刷　三河市刚利印务有限公司

版　　次　2020年10月第1版

印　　次　2020年11月第1次印刷

成品规格　145mm × 210mm

印　　张　4

书　　号　ISBN 978-7-5408-7414-8

定　　价　198.00元（全10册）

如发现质量问题，请与本社联系。总编室电话：（028）86259381

北京分社营销电话：（010）67692165　北京分社编辑中心电话：（010）67692156

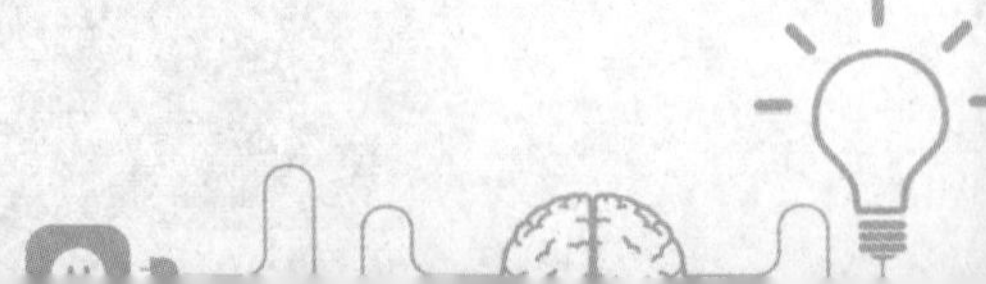

前言

为了切实加强我国数学科学的教学与研究，科技部、教育部、中科院、自然科学基金委联合制定并印发了《关于加强数学科学研究工作方案》。方案中指出数学实力往往影响着国家实力，几乎所有的重大发现都与数学的发展与进步相关，数学已经成为航空航天、国防安全、生物医药、信息、能源、海洋、人工智能、先进制造等领域不可或缺的重要支撑。这充分表明国家对数学的高度重视。

特别是随着大数据、云计算、人工智能时代的到来，在未来生活和生产中，数学更是与我们息息相关，数学科学和人才尤其重要。华为公司创始人兼总裁任正非曾公开表示："其实我们真正的突破是数学，手机、系统设备是以数学为中心。"

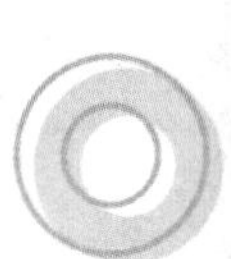

数学是一门通用学科，是很多学科与科学的基础。在未来社会，数学将是提高竞争力的关键，也是国家和民族发展繁荣的抓手。所以，数学学习应当从娃娃抓起。

同时，数学是一门逻辑性非常强而且非常抽象的学科。让数学变得生动有趣的关键，在于教师和家长能正确地引导孩子，精心设计数学教学和辅导，提高孩子的学习兴趣。在数学教学与辅导中，教师和家长应当采取多种方法，充分调动孩子的好奇心和求知欲，使孩子能够感受学习数学的乐趣和收获成功的喜悦，从而提高他们自主学习和解决问题的兴趣与热情。

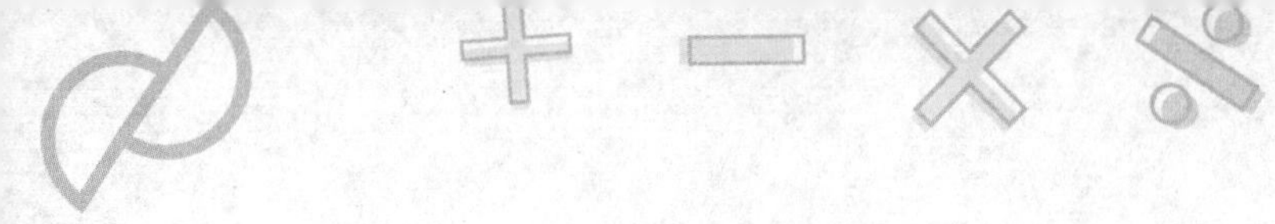

为了激发广大少年儿童学习数学的兴趣，我们特别推出了《数学思维秘籍》丛书。它集中了我国著名数学教育家刘薰宇的数学教学经验与成果。刘薰宇老师1896年出生于贵阳，毕业于北京高等师范学校数理系，曾留学法国并在巴黎大学研究数学，回国后在许多大学任教。新中国成立后，刘老师曾担任人民教育出版社副总编辑等职。

刘老师曾参与审定我国中小学数学教科书，出版过科普读物，发表了大量数学教育方面的论文。著有《解析几何》《数学的园地》《数学趣味》《因数与因式》《马先生谈算学》等。他将数学和文学相结合，用图解法直接解答有关数学问题，非常生动有趣。特别是介绍数学理论与方法的文章，通俗易懂，既是很好的数学学习导入点，也是很好的数学启蒙读物，非常适合中小学生阅读。

刘老师的作品对著名物理学家、诺贝尔奖得主杨振宁，著名数学家、国家最高科学技术奖获得者谷超豪，著名数学家齐民友，著名作家、画家丰子恺等都产生过深远影响，他们都曾著文记述。杨振宁曾说，曾有一位刘薰宇先生，写过许多通俗易懂和极其有趣的数学文章，自己读了才知道排列和奇偶排列这些极为重要的数学概念。谷超豪曾说，刘薰宇的作品把他带入了一个全新的世界。

在当前全国掀起学习数学热潮的大好形势下，我们在忠实于原著的基础上，对部分语言进行了更新；对作品进行了拆分和优化组合，且配上了精美插图；更重要的是，增加了相应的公式定理、习题讲解、奥数试题、课外练习及参考答案等。对原著内容进行的丰富和拓展，使之更适合现代少年儿童阅读、理解和运用，从而更好地帮助孩子开拓数学思维。相信本书将对广大少年儿童、教师以及家长具有较强的启迪和指导作用。

目录

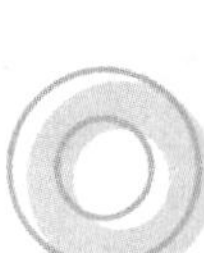

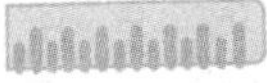
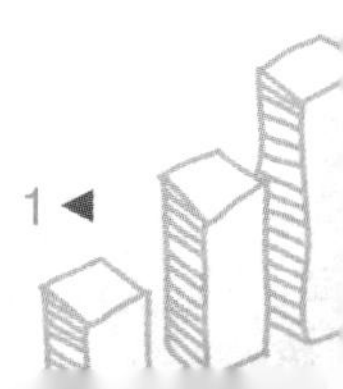

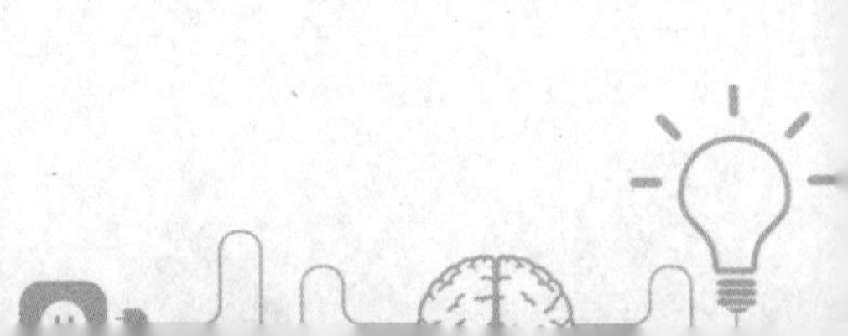

◆ 追赶的速度与时间

“我曾经说过，如果你有了一张图，坐在屋里，看看表，又看看图，随时就可知道你出了门的弟弟离开你已有多远。这次我就来讲关于走路这一类的问题。”马先生今天这样开场。

例1：赵阿毛上午8时从家中出发去城里，每小时走1.5千米。上午11时，他的儿子赵小毛发现爸爸忘了带东西，于是赵小毛拿着东西从后面追去，每小时走2.5千米，什么时候可以追上呢？

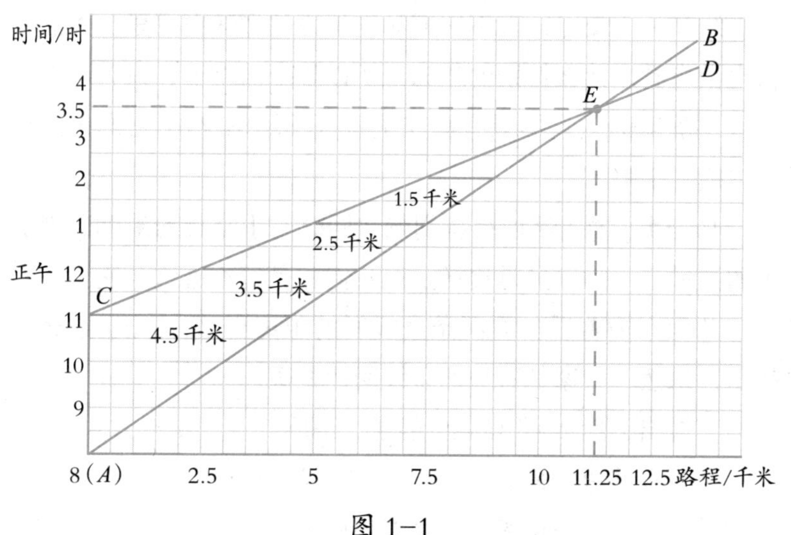

图 1-1

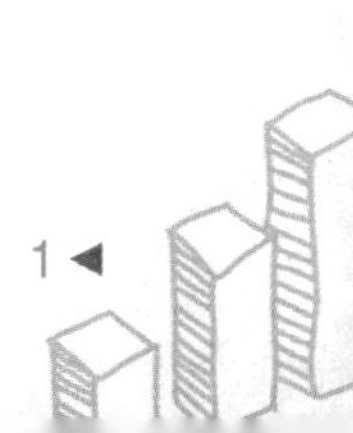

用横线表示路程，每一小段表示0.5千米；用纵线表示时间，每一小段表示0.5小时。

因为赵阿毛是上午8时从家中出发的，所以时间就用上午8时作为起点，赵阿毛每小时走1.5千米，他走的路程和时间是“定倍数”的关系，画出来就是*AB*线（如图1-1）。

赵小毛是上午11时出发的，他走的路程和时间对于交在点*C*的纵横线来说，也是“定倍数”的关系，画出来就是*CD*线。

*AB*和*CD*交于点*E*，表示赵阿毛和赵小毛在此相遇了。从点*E*横看，得下午3时半，这就是答案。

“你们仔细看这个，比上次的有趣味。”趣味！今天马先生从走进课堂直到现在，都是板着面孔的。听到这两个字，知道他将要说什么趣话了，精神不禁为之一振。

但是仔细看一看图，依然和上次的各个例题一样，只有两条直线和一个交点，真不知道马先生说的趣味在哪里。大家大概也没有看出什么特别的趣味，所以整个课堂上，只有静默。打破这静默的，自然只有马先生：“看不出吗？不是真正的趣味‘横’生吗？”

马先生“横”字说得特别响，同时右手拿着粉笔朝着黑板上的图横着一画。虽是这样，但我们还是猜不透这个谜。

“大家横着看！看两条直线间的距离！”经马先生这么一提示，果然，大家都看那两条线间的距离。

“看出了什么？”马先生静了一下问。

“越来越短，最后变成了零。”周学敏回答。

“不错！但是这表示什么意思呢？”

“两人越走越近，到后来便碰在一起了。”王有道回答。

“对的，那么，赵小毛出发的时候，两人相隔几千米？”

“4.5千米。”

“走了1小时呢？”

“3.5千米。”

“再走1小时呢？”

“2.5千米。”

“每走1小时，赵小毛赶上赵阿毛几千米？”

“1千米！”这几次差不多都是齐声回答，课堂上显得格外热闹。

“这1千米从哪里来的呢？”

“赵小毛每小时走2.5千米，赵阿毛每小时只走1.5千米，2.5千米减去1.5千米，便是1千米。”我抢着回答。

“好！两人先隔开4.5千米，赵小毛每小时能够追上1千米，那么几小时可以追上呢？用什么算法计算呢？”马先生这次向我问道。

“用1去除4.5得4.5。”我答。

马先生又问：“最初相隔的4.5千米怎样来的呢？”

“赵阿毛每小时走1.5千米，上午8时出发，走到上午11时，一共走了3小时，1.5乘3是4.5。”另一个同学这么回答。

在这以后，马先生就写出了下面的算式：

$1.5\times3\div(2.5-1.5)=4.5\div1=4.5$（时）。

$11+4.5-12=3.5$（时），即下午3时30分。

“从这次起，公式不写了，让你们去如法炮制吧。从图上还可以看出来，赵阿毛和赵小毛相遇的地方，距家是11.25千

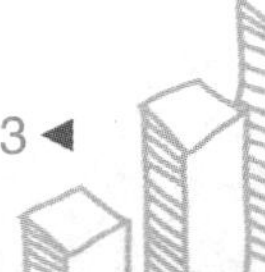

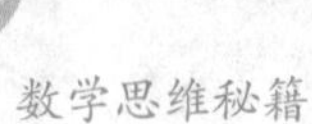

米。如果将 AE、CE 延长，两线间的距离又越来越长，但是 AE 延长出去的部分（EB）翻到了 CE 延长出去的部分（ED）的上面。这就表示，如果他们父子相遇后，仍继续各自前进，赵小毛便走在了赵阿毛前面，越离越远。”

试将这个题改成“甲每小时行1.5千米，乙每小时行2.5千米，甲出发后3小时，乙去追他，几小时能追上？”这就更一般了，画出图来，当然和前面的一样。不过表示时间的数字需换成0、1、2、3……

例2：甲每小时行1.5千米，出发后3小时，乙去追他，4.5小时追上，乙每小时行几千米？

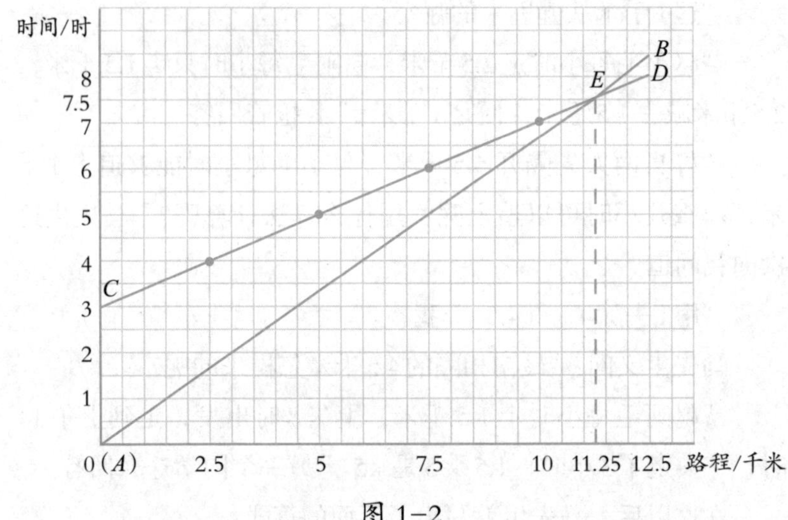

图 1–2

对于这道题，表示甲走的路程和时间的线，自然谁都会画了。然而表示乙走的路程和时间的线……经过马先生的提示，以及共同的讨论，大家知道：因为乙是在甲出发后3小时才出发，所以起点是C点。

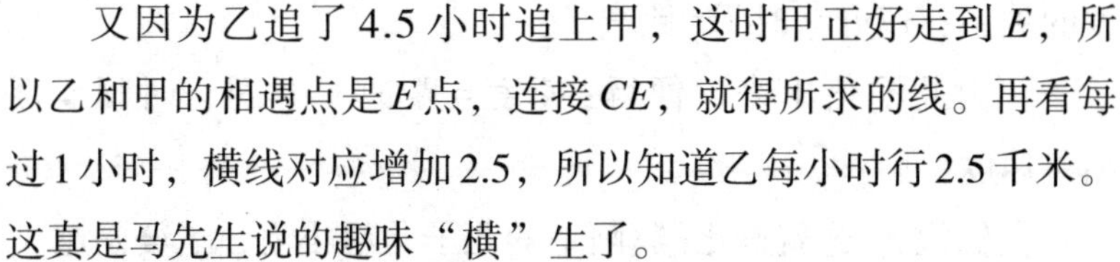

又因为乙追了4.5小时追上甲，这时甲正好走到E，所以乙和甲的相遇点是E点，连接CE，就得所求的线。再看每过1小时，横线对应增加2.5，所以知道乙每小时行2.5千米。这真是马先生说的趣味“横”生了。

不但如此，图上明明白白地展示出来：甲7.5小时走的路程是11.25千米，乙4.5小时走的也正是这么多，所以很容易使我们想出了这道题的算法：

$1.5\times(3+4.5)\div4.5=11.25\div4.5=2.5$（千米）。

但是马先生的主要目的不在讨论这道题的算法上，当我们得到了答案和算法后，他又写出下面的例题。

例3：甲每小时行1.5千米，出发后3小时，乙去追他，追到11.25千米的地方追上了甲。求乙的速度。

跟着例2来解这个问题，真是十分轻松，不必费心思索，就知道应当这样算：

$11.25\div(11.25\div1.5-3)=11.25\div4.5=2.5$（千米/时）。

原来，大家都懂得画图了，而且这3个例题的图，简直就是同一个，只是画的方法或说明不同。

甲走了7.5小时，比乙多走3小时，所以乙走了4.5小时，而路程是11.25千米，上面的计算方法，由图上看来，真是“了如指掌”啊！我今天才深深地感到对算学有这么浓厚的兴趣！

马先生在大家算完这道题后，发表他的看法：“由这3个例子来看，一个图可以表示几个不同的题，只是着眼点和说明不同。这不是很生动很有趣味的吗？

“原来例2、例3都是从例1转化来的，虽然说法不同，实质的关系却没有变化。这类问题的核心只是距离、时间、速

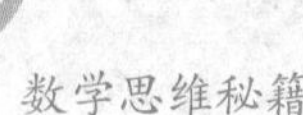

度的关系：速度×时间=距离。

“由此演化出来，便得：速度=距离÷时间，时间=距离÷速度。”

我们说：“这就好比：赵阿毛的儿子是赵小毛，老婆是赵大嫂子；赵大嫂子的老公是赵阿毛，儿子是赵小毛；赵小毛的妈妈是赵大嫂子，爸爸是赵阿毛。”

这三句话，表面上看起来自然不一样，立足点也不同，从文学上说，带给我们的意味、语感也不同，但是表达的根本关系却只有一个，画个图便是图1–3。

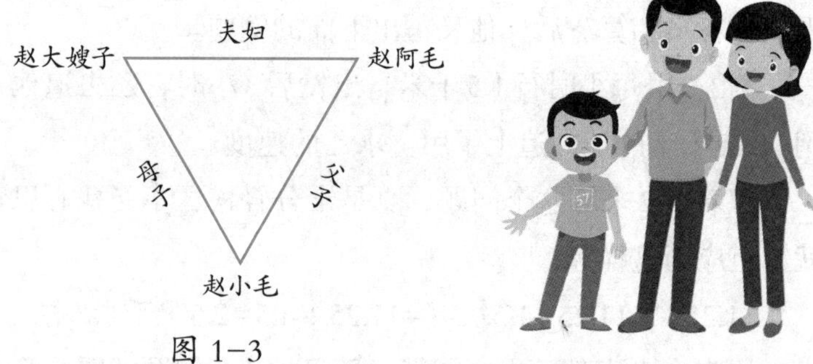

图 1–3

按照这种情形，将例1先分析一下，我们可以得出下面各个量以及各个量间的关系：

① 甲每小时走1.5千米。

② 甲先走3小时。

③ 甲共走7.5小时。

④ 甲、乙都走了11.25千米。

⑤ 乙每小时走2.5千米。

⑥ 乙共走4.5小时。

⑦ 甲每小时所走的路程（速度）乘所走的时间，得甲走

的距离。

⑧ 乙每小时所走的路程（速度）乘所走的时间，得乙走的距离。

⑨ 甲、乙所走的总路程相等。

⑩ 甲、乙每小时所走的路程相差1千米。

⑪ 甲、乙所走的时间相差3小时。

① 到⑥是这题所含的六个量。一般地说，只要知道其中三个，便可将其余的三个求出来。

例1知道的是①②⑤，而求的是⑥，但是由②⑥便可得③，由⑤⑥就可得④。

例2知道的是①②⑥，而求的是⑤，由②⑥当然可得③，由⑤⑥便得④。

例3知道的是①②④，而求的是⑤，由①④可得③，由④⑤可得⑥。

不过也有例外，如①③④，因为④可以由①③得出来，所以不能成为一个题。②③⑥只有时间，而且由②③就可得⑥，也不能成题。再看④⑤⑥，由④⑤可得⑥，一样不能成题。

从六个量中取出三个来做题目，照理可成二十个。除了上面所说的不能成题的三个，以及前面已举出的三个，还有十四个。这十四个的算法，当然很容易推知，画出图来和前三个例子完全一样。为了便于比较、研究，逐一写在后面。

例4：甲每小时走1.5千米（①），走了3小时乙才出发（②），他共走了7.5小时（③）被乙赶上。求乙的速度。

$1.5\times7.5\div(7.5-3)=2.5$（千米/时）

例5：甲每小时行走1.5千米（①），先出发，乙每小时走

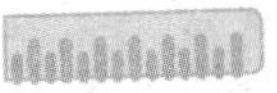

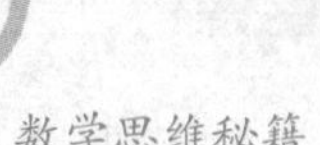

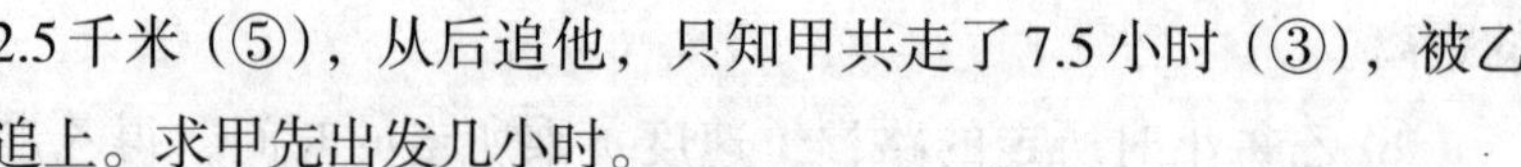

2.5千米（⑤），从后追他，只知甲共走了7.5小时（③），被乙追上。求甲先出发几小时。

7.5－1.5×7.5÷2.5=3（时）

例6：甲每小时走1.5千米（①），先出发，乙从后面追他，4.5小时（⑥）追上，而甲共走了7.5小时（③），求乙的速度。

1.5×7.5÷4.5=2.5（千米/时）

例7：甲每小时走1.5千米（①），先出发，乙每小时走2.5千米（⑤），从后面追他，走了11.25千米（④）追上。求甲先走的时间。

11.25÷1.5－11.25÷2.5=7.5－4.5=3（时）

例8：甲每小时走1.5千米（①），先出发，乙追4.5小时（⑥），共走11.25千米（④）追上。求甲先走的时间。

11.25÷1.5－4.5=7.5－4.5=3（时）

例9：甲每小时走1.5千米（①），先出发，乙从后面追他，每小时走2.5千米（⑤），4.5小时（⑥）追上，甲共走了几小时？

2.5×4.5÷1.5=11.25÷1.5=7.5（时）

例10：甲先走3小时（②），乙从后面追他，在距出发地11.25千米（④）的地方追上，而甲共走了7.5小时（③），求乙的速度。

11.25÷（7.5－3）=11.25÷4.5=2.5（千米/时）

例11：甲先走3小时（②），乙从后面追他，每小时走2.5千米（⑤），到甲共走7.5小时（③）时追上。求甲的速度。

2.5×（7.5－3）÷7.5=11.25÷7.5=1.5（千米/时）

例12：乙每小时走2.5千米（⑤），在甲走了3小时的时候

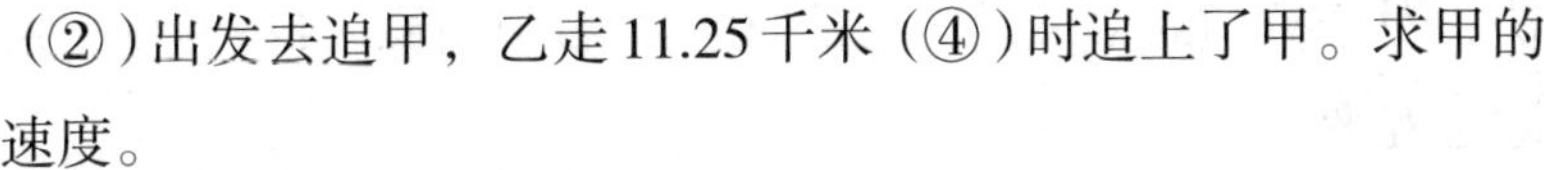

（②）出发去追甲，乙走11.25千米（④）时追上了甲。求甲的速度。

11.25 ÷（11.25 ÷ 2.5 + 3）= 11.25 ÷ 7.5 = 1.5（千米/时）

例13：甲先出发3小时（②），乙用4.5小时（⑥）走11.25千米（④）追上了甲。求甲的速度。

11.25 ÷（3+4.5）=11.25 ÷ 7.5 = 1.5（千米/时）

例14：甲先出发3小时（②），乙每小时走2.5千米（⑤），从后面追他，走了4.5小时（⑥）追上了他。求甲的速度。

2.5 × 4.5 ÷（3 + 4.5）= 11.25 ÷ 7.5 = 1.5（千米/时）

例15：甲7.5小时（③）走了11.25千米（④），乙每小时走2.5千米（⑤），乙在甲出发若干小时后出发，正好在甲走了11.25千米处追上了他。求甲先走的时间。

7.5 − 11.25 ÷ 2.5 = 7.5 − 4.5 = 3（时）

例16：甲出发后若干小时，乙出发追甲，甲共走7.5小时（③），乙共走4.5小时（⑥），所走的距离为11.25千米（④）。求各人的速度。

甲的速度为11.25 ÷ 7.5 = 1.5（千米/时），

乙的速度为11.25 ÷ 4.5 = 2.5（千米/时）。

例17：乙每小时走2.5千米（⑤），在甲出发若干小时后乙去追他，到追上时，乙用了4.5小时，而甲共走了7.5小时（③）。求甲的速度。

2.5 × 4.5 ÷ 7.5 = 11.25 ÷ 7.5 = 1.5（千米/时）

将这些题目对照图来看，比较它们的算法，可以知道：将一个题中的已知量和所求量对调而组成一个新题，这新旧两题的计算法的变化，也有一定法则。大体说来，就是新题的算

法，对于被调的量来说，正是原题算法的还原，加减互变，乘除也互变。

还有，甲每小时走1.5千米，先走3小时，就是先走4.5千米，这也可用来代替第二个量，而和其他两个量组成若干题。这样探究多么有趣！而且对于研究学问来说实在是一种很好的训练。

本来无论什么题，都可以下这么一番功夫探究的，但是前几次的例子比较简单，变化也就少一些，所以不曾说到。而举一反三，正好是一个练习的机会，所以以后也不再这么不怕麻烦地讲了。

把题目这样探究，学会了一个题的计算法，便可领悟到许多关系相同、形式各样的题的算法，实际不只“举一反三”，简直要“闻一以知十”，使我觉得无比快乐！我现在才感到算学不是枯燥的。

马先生花费许多精力，教给我们探索题目的方法，时间已过去不少，但是他还不辞辛苦地继续讲下去。

例18：甲、乙两人分别在东、西方向相隔7千米的两地，同时相向出发，甲每小时走1千米，乙每小时走0.75千米，两人几时在途中相遇？

这差不多算是我们自己做出来的（如图1-4），马先生只告诉了我们应当注意两点：第一，甲和乙走的方向相反，所以甲从C向D，乙就从A向B，AC相隔7千米；第二，因为题上所给的数都不大，图上的单位应取大一些，才便于观察分析，图才好看，做算学也需兼顾好看！

由E点横看得4，自然就是4小时后两人在途中相遇了。

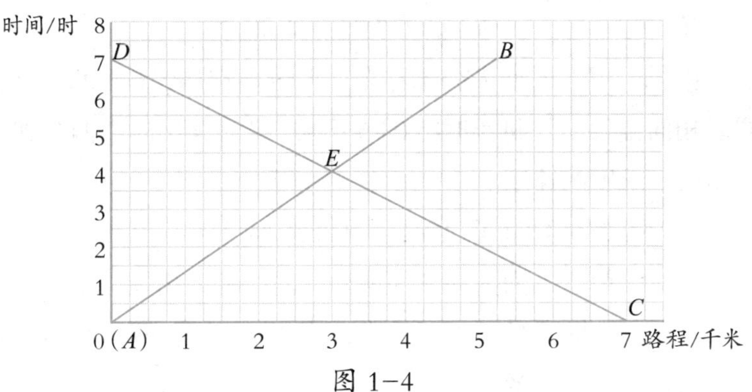

图 1–4

趣味“横”生，横向看去，甲、乙两人每走1小时相隔的距离就缩短将近2千米，这也就是甲、乙速度的和，所以算法也就得出来了：

7÷（1+0.75）=7÷1.75=4（时）。

这算法，没有一个人不对，算学真是人人能领悟的啊！马先生高兴地提出下面的问题，要我们回答算法。当然，这更不是什么难事！

① 两人相遇的地方，距东西各几千米？

距东：1×4=4（千米）

距西：0.75×4=3（千米）

② 甲到了西地，乙还距东地几千米？

7−0.75×（7÷1）=7−5.25=1.75（千米）

下面的探究，是我和王有道、周学敏依照马先生的前例做的。

例19：甲、乙两人分别在东、西方向相隔7千米的两地，同时相向出发，甲每小时走1千米，走了4小时，两人在途中相遇。求乙的速度。

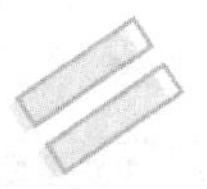

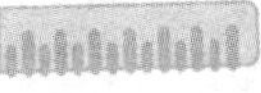

（7－1×4）÷4=3÷4=0.75（千米/时）

例20：甲、乙两人分别在东、西方向相隔7千米的两地，同时相向出发，乙每小时行0.75千米，走了4小时，两人在途中相遇。求甲的速度。

（7－0.75×4）÷4=4÷4=1（千米/时）

例21：甲、乙两人在东西两地，同时相向出发，甲每小时走1千米，乙每小时走0.75千米，走了4小时，两人在途中相遇。两地相隔几千米？

（1+0.75）×4=1.75×4=7（千米）

这个例题所含的量只有四个，所以只能组成四个形式不同的题，自然比马先生所讲的前一个例子简单得多。不过，我们能够这样穷追不舍，心中确实感到无比愉快！

下面又是马先生所提示的例子。

例22：从宋庄到毛镇有10千米，何畏4小时走到，苏绍武5小时走到。两人同时从宋庄出发，走了3.5小时，两人相隔几千米？走了多长时间，两人相隔1.5千米？

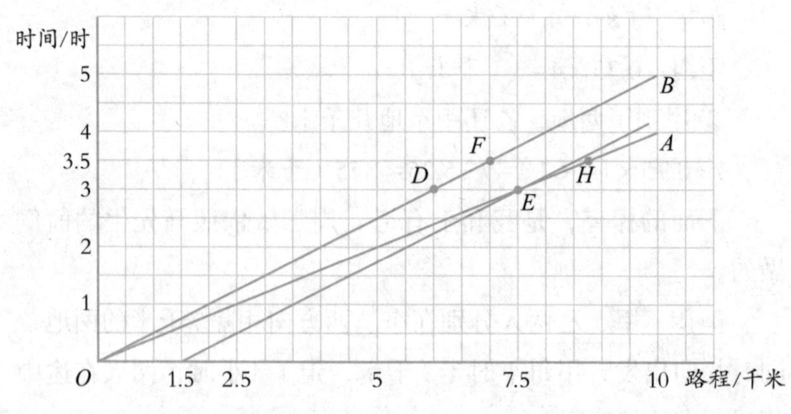

图 1–5

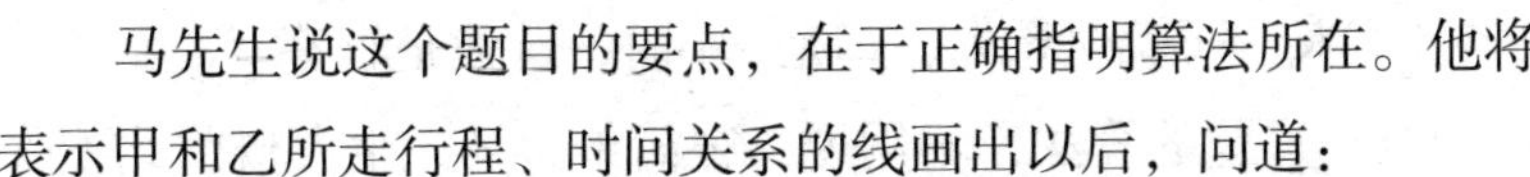

马先生说这个题目的要点，在于正确指明算法所在。他将表示甲和乙所走行程、时间关系的线画出以后，问道：

“走了3.5小时，两人相隔的距离，怎样表示出来？”

“从3.5小时的那一点画条横线和直线*OA*、*OB*分别相交于点*H*、*F*，*FH*的距离1.75千米就是所求。”

“那么，几时相隔1.5千米呢？”

由图1-5，很清晰地可以看出来：走了3小时，就相隔1.5千米。但是怎样由画法求出来，却使我们呆住了。

马先生见没人回答，便说：“你们难道没有留意过平行四边形吗？”随即在黑板上画了一个平行四边形*ABCD*（如图1-6）。

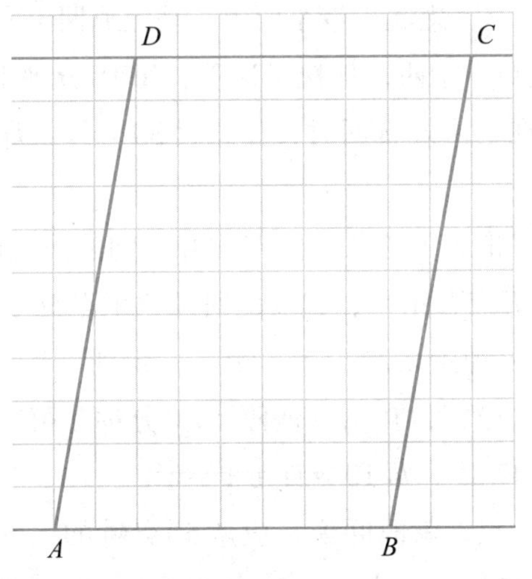

图 1-6

“你们看图1-6，*AD*、*BC*是平行的，而*AB*、*DC*以及*AD*、*BC*间的横线都是平行的，不但平行而且还一样长。应用这个道理，（图1-5）从距*O*点1.5千米的点，画一条线和*OB*平行，它与*OA*交于*E*。在*E*这点两线间的水平距离正好

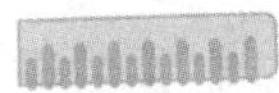

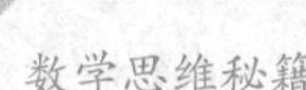

是1.5千米，而横向看去，却是3小时，这便是解答。”

至于这题的算法，不用说，很简单，马先生大概因此不曾提起，我补在下面：

走了3.5小时相隔的距离为

$(10\div4-10\div5)\times3.5=1.75$（千米），

即相隔1.5千米所需走的时间为

$1.5\div(10\div4-10\div5)=3$（时）。

接下来，马先生所提出的例题更曲折、有趣了。

例23：甲每10分钟走0.5千米，乙每10分钟走0.75千米。甲出发50分钟后，乙从甲出发的地点出发去追甲。乙走到3千米的地方，想起忘带东西了，马上返回出发处寻找。花费50分钟找到了东西，加快了速度，每10分钟走1千米去追甲。如果甲在乙出发转回时，休息过30分钟，那么乙在什么地方追上甲？

“先来讨论表示乙所走的路程和时间的线的画法。”马先生说，“这有五点：第一，出发的时间比甲迟50分钟；第二，出发后每10分钟走0.75千米；第三，走到3千米处便回头，速度没有变；第四，在出发地停了50分钟才第二次出发；第五，第二次的速度，每10分钟走1千米。

“依第一点，就时间说，应从50分钟的地方画起，因而得A。从A起依照第二点，每10分钟，以0.75千米的定倍数，画直线到3千米的地方，得AB。

“依第三点，从B折回，照同样的定倍数画线，正好到130分钟的C，得BC。

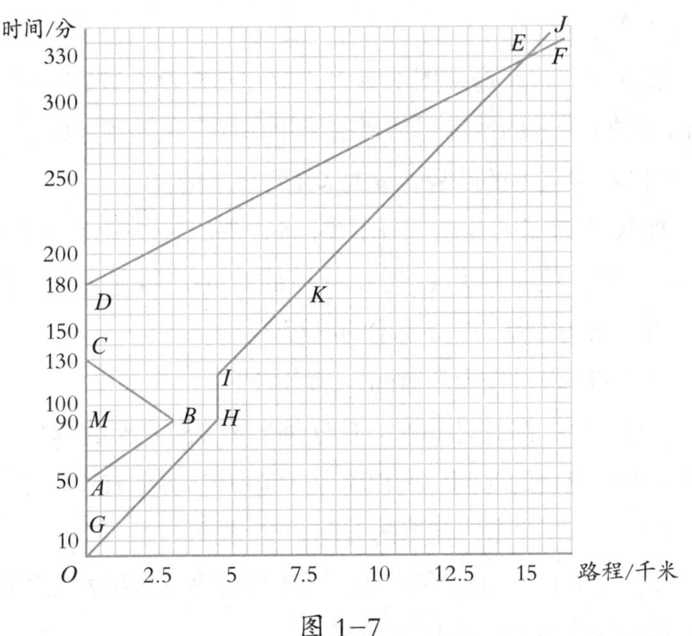

图 1–7

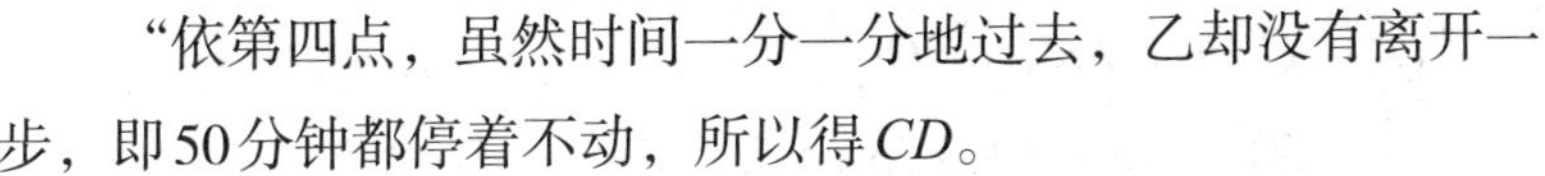

“依第四点，虽然时间一分一分地过去，乙却没有离开一步，即50分钟都停着不动，所以得*CD*。

“依第五点，从*D*起，每10分钟以1千米的定倍数，画直线*DF*。

“至于表示甲所走的路程和时间的线，却比较简单，始终是一定的速度前进，只有在乙达到3千米的*B*处，即90分钟时，也即甲达到4.5千米时，他休息了30分钟，然后继续前进，因而这条线是*OH*、*HI*、*IJ*。

“两线相交于*E*点，从*E*点往下看得15千米，就是乙在距出发地15千米的地点追上甲。

“从图上观察能够得出算法来吗？”马先生问。

“当然可以的。”没有人回答，他自己说，接着就讲这个

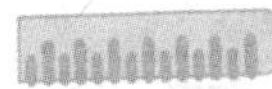

题的计算方法。

实际上，这个题从图上看去，就和乙在D所指的时间，用每10分钟1千米的速度，从后去追甲一样。但是甲这时已走到K，所以乙需追上的路程，就是DK所表示的。

如果知道了OD所表示的时间，那么减去甲在HI休息的30分钟，便是甲从O到K所用的时间，用它去乘甲的速度，得出来的即是DK所表示的路程。

图上OA是甲先走的时间，50分钟。

AM、MC都是乙以每10分钟行0.75千米的速度，走了3千米所花费的时间，所以都是（$3\div0.75$）个10分钟。

CD是乙寻找东西花费的时间，50分钟。

因此，OD所表示的时间，也就是乙第二次出发追甲时，甲已经在路上花费的时间，应当是：

$$
\begin{aligned}
OD&=OA+AM\times2+CD\\
&=50+10\times(3\div0.75)\times2+50\\
&=180\text{（分）。}
\end{aligned}
$$

但是甲在这段时间内，休息过30分钟，所以，在路上走的时间是：$180-30=150$（分）。

而甲的速度是每10分钟0.5千米，因而，DK所表示的距离是：$0.5\times(150\div10)=7.5$（千米）。

从第二次出发乙追上甲所用的时间是：

$7.5\div(1-0.5)\times10=150$（分）。

乙追上甲时离出发地的距离是：

$1\times(150\div10)=15$（千米）。

这题真是曲折，要不是有图对照，我是很难听懂的。

马先生说："我再用一个例题来结束这节课。"

例24：甲、乙两地相隔10000米，每隔5分钟同时相向各发出一辆电车，电车的速度均为500米/分。冯立人从甲地乘电车到乙地，在电车中和对面开来的电车相遇两次，两次相遇之间相隔几分钟？从甲地至乙地期间，和对面开来的车相遇几次？

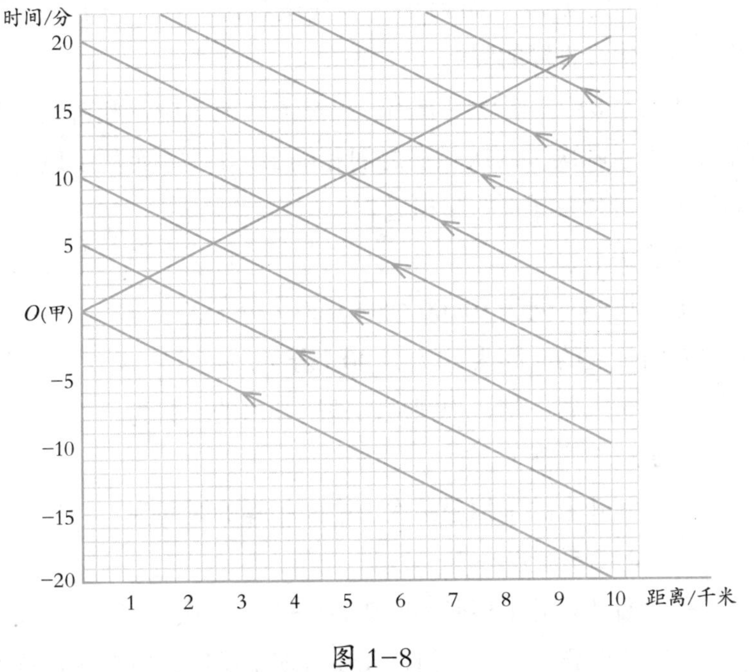

图 1–8

题目写出后，马先生和我们进行下面的问答。

"两地相隔10000米，电车每分钟行驶500米，几分钟可走一趟？"

"20分钟！"

"如果冯立人所乘的电车是对面刚开到的，那么这辆电车

是几时从乙地开过来的？”

“20分钟前。”

“这辆电车从乙地开出，再回到乙地共需多长时间？”

“40分钟。”

“乙地每5分钟开来一辆电车，40分钟共开来几辆？”

“8辆。”

自然经过这样一番讨论，马先生将图（图1-8）画了出来，还有什么难懂的呢？

从图1-8中一眼就可看出，冯立人在电车中，和对面开来的电车相遇两次，两次相遇之间相隔2.5分钟。而从甲地到乙地期间，和对面开来的车相遇7次。

算法如下：

走一趟的时间为$10000 \div 500 = 20$（分），

来回一趟的时间为$20 \times 2 = 40$（分），

一辆车来回一趟，中间从乙地所开出的车数为

$40 \div 5 = 8$（辆），

和对面开来的车相遇两次，中间相隔的时间为

$20 \div 8 = 2.5$（分），

和对面开来的车相遇的次数为$8 - 1 = 7$（次）。

“这节课到此为止，但是我还得拖个尾巴，留个题目给你们去做。”说完，马先生写出下面的题目，匆匆退出课堂，他额头上的汗珠已滚到脸颊上了。

今天足足在课堂上坐了两个半小时，回到寝室里，我觉得很疲倦，但是对于马先生出的题，还想继续探究一番，于是决定独自试做。

总算“有志者事竟成”，费了20分钟，居然成功了。但愿经过这次暑假，对于算学能够找到得心应手的方法！

例25：甲、乙两地相隔1.5千米，电车每小时行驶9千米，从上午5时起，每15分钟，两地同时相向各发车一辆。阿土上午5：01从甲地电车站，顺着电车轨道旁的人行道步行，于6：05到乙地车站。阿土在路上遇到往来的电车共几次？第一次是在什么时间和什么地点？

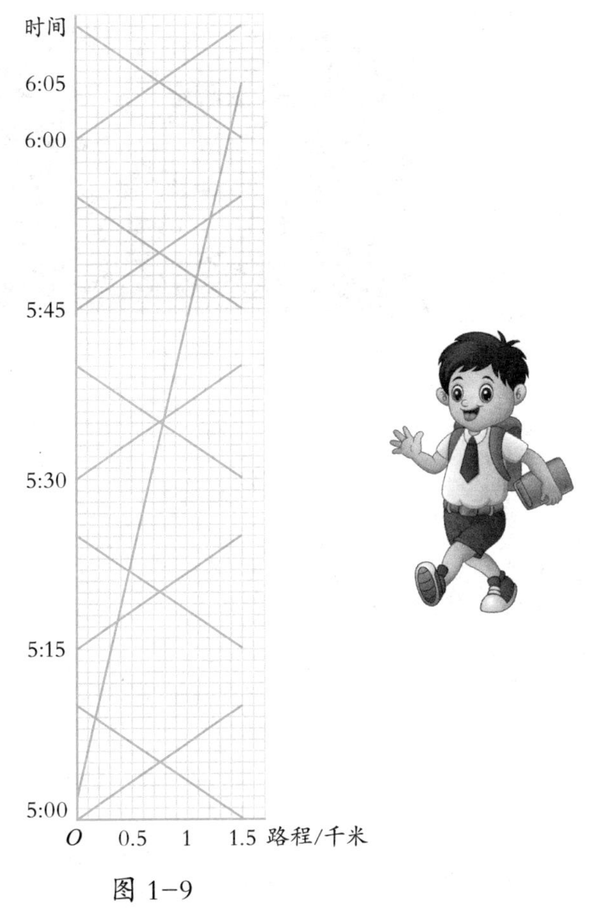

图 1-9

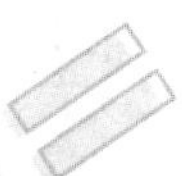

答案：

阿土碰到往来的电车共8次。

第一次约在上午5时9分相遇。

第一次在离甲地约0.18千米的地方相遇。

基本概念与例题

1. 基本概念与公式

（1）速度的概念

速度是描述物体运动快慢的物理量。也就是说，对于物体运动的快和慢，一般用速度表示。比如，飞机飞行的速度比火车运行的速度快，一般情况下兔子就比乌龟跑得快，等等。

例：甲地距离乙地2000米，小明从甲地到乙地共走了20分钟，那么小明从甲地到乙地的速度是多少呢?

分析：甲地到乙地一共2000米，小明一共走了20分钟，那么小明1分钟走的路程是2000÷20=100（米）。

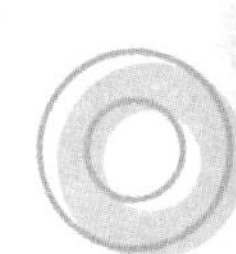

解：2000÷20=100（米/分）。

答：小明从甲地到乙地的速度是100米/分。

（2）时间的概念

时间是描述物质运动过程或事件发生过程的一个参数，也就是说，物质运动或事件发生都需要一定的时间。比如，我们经常会说，从家到学校需要用多长时间。

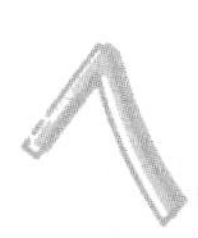

例：甲、乙两镇的距离是15千米，如果小明步行的速度是3千米/时，那么小明走多长时间可以从甲镇走到乙镇?

分析：由题目可以看出，甲、乙两镇的距离是15千米，小明步行的速度是3千米/时，即小明每小时走3千米，那么小明从甲镇走到乙镇需要的时间是15÷3=5（时）。

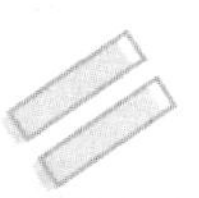

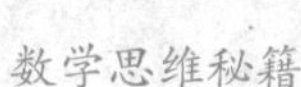

解：15÷3=5（时）。

答：小明走5小时可以从甲镇走到乙镇。

（3）路程的概念

物体从一个位置移动到另一个位置，移动的长度叫作路程。比如，从家到学校的路程是1千米。

例：甲、乙两队学生从相隔18千米的两地同时出发相向而行，一个同学骑自行车以15千米/时的速度在两队之间不停地往返联络，甲队每小时行5千米，乙队每小时行4千米。两队相遇时，骑自行车的学生共行驶了多少千米?

分析：甲队每小时行5千米，乙队每小时行4千米，两地相距18千米，两队相遇时共用了18÷（4+5）=2（时）。在这2小时中，这名骑自行车的学生始终在运动，所以两队相遇时，骑自行车的学生共行驶了15×2=30（千米）。

解： 18÷（4+5）×15

=18÷9×15

=30（千米）。

答：两队相遇时，骑自行车的学生共行驶了30千米。

（4）速度、时间、路程之间的关系

根据上面对速度、时间、路程概念的理解，以及通过例题对概念的熟悉，可以得到速度、时间、路程的关系，从而得出以下基本公式：

①速度×时间=路程。

②路程÷速度=时间。

③路程÷时间=速度。

④速度和×时间=路程和。

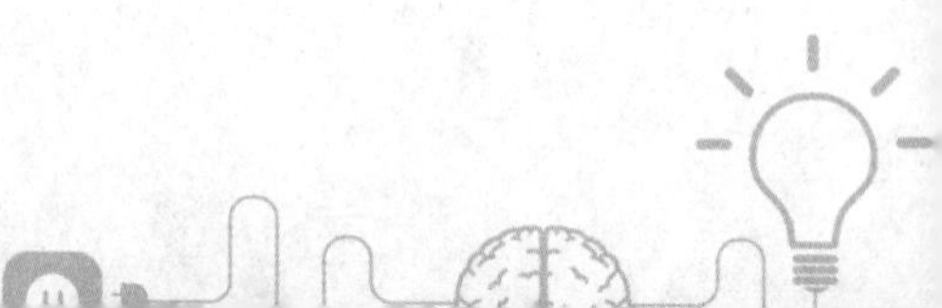

⑤速度差×时间=路程差。

（5）基础综合例题

例1：小平和小红同时从学校出发步行去小平家，小平每分钟比小红多走20米。30分钟后小平到家，到家后立即沿原路返回，在离家350米处遇到小红。小红每分钟走多少米？

分析：小平到家用了30分钟，因为小平每分钟比小红多走20米，在小平到家那一刻，小平比小红多走了$30\times20=600$（米），则小红离小平家为600米。在小平返回直到与小红相遇的过程中，小平走了350米，小红走了$600-350=250$（米），小平比小红多走$350-250=100$（米），那么小平用时$100\div20=5$（分钟），小红也走了5分钟，250米小红走了5分钟，小红步行的速度为$250\div5=50$（米/分）。

解：$30\times20=600$（米），

$600-350=250$（米），

$350-250=100$（米），

$100\div20=5$（分）。

$250\div5=50$（米/分）。

答：小红每分钟走50米。

例2：兄弟二人同时分别从学校和家中出发，相向而行。哥哥每分钟走120米，5分钟后哥哥已超过中点50米，这时兄弟两人还未相遇，还相距30米。弟弟每分钟走多少米？

分析：我们用哥哥行驶的路程减去50×2米再减去30米，就是弟弟行驶的路程，再用这个路程除以5，就是弟弟的速度。

解：$(120\times5-50\times2-30)\div5$

$=(600-100-30)\div5$

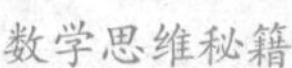

$=470\div5$

$=94$（米）。

答：弟弟每分钟走94米。

例3：甲、乙两人同时从两地出发，相向而行，距离是20千米。甲每小时走6千米，乙每小时走4千米，甲带着一条狗，狗每小时走10千米。这只狗同甲一起出发，碰到乙的时候，它就掉头向甲的方向跑，碰到甲的时候，它又掉头朝向乙的方向跑。两人相遇时，这只狗一共跑了多少千米？

分析：要求出狗行走的路程，只要求出狗行走的时间，然后再乘狗的速度即可。狗行走的时间就是甲、乙两人的相遇时间，用两地之间的路程除以两人的速度和就是相遇时间，进而求出狗行走的路程。

解：　$20\div(6+4)$

$=20\div10$

$=2$（时），

$2\times10=20$（千米）。

答：这只狗一共跑了20千米。

例4：小明从甲地开车前往乙地，每小时行驶32千米，4小时后，剩下的路比全程的一半少8千米。如果改用56千米/时的速度行驶，再行驶几小时能够到达乙地？

分析：根据题意，小明开车4小时行驶的路程比全程的一半多8千米，因此全程的一半是$32\times4-8=120$（千米），剩下的路程为$120-8=112$（千米），然后用112千米除以后来的速度，就解决问题了。

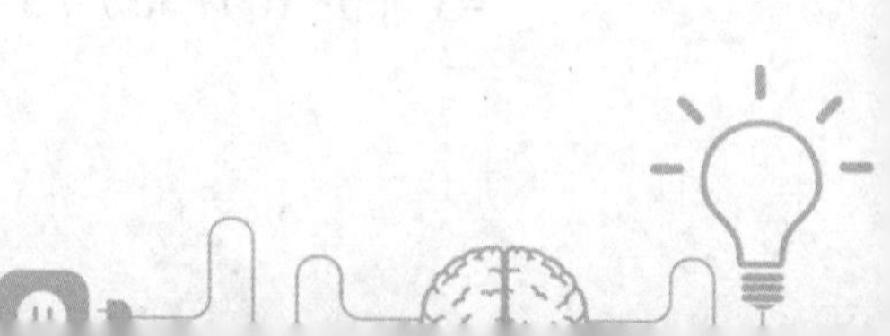

解：（32×4−8−8）÷56

=112÷56

=2（时）。

答：再行驶2小时就能到达乙地。

2. 与速度和、差有关的行程问题

在这一部分中，将速度、时间涉及的问题不断加深，难点是路程问题，即关于走路、行车等问题，一般都是计算路程、时间、速度，也叫作行程问题。解答这类问题首先要搞清楚速度、时间、路程、速度和、速度差等概念，了解他们之间的关系，再根据这类问题的规律进行解答。

解题关键及规律：

同时同地相背而行：路程=速度和×时间

同时相向而行：路程=速度和×相遇时间

异地同向而行（速度慢的在后，快的在前）：追及时间=路程差÷速度差

同时同地同向而行（速度慢的在后，快的在前）：路程差=速度差×时间

例1：甲、乙两地相距66千米，小明骑自行车从甲地出发，小平骑自行车从乙地出发，相向而行，小明每小时骑行18千米，小平每小时骑行15千米。经过几小时两人相遇？

分析：由题意可知，小明和小平是相向而行，根据解题关键及规律：路程=速度和×相遇时间，相遇时间=路程÷速度和。

解：66÷（18+15）=2（时）。

答：经过2小时两人相遇。

例2：小李和小张两人同时同地相背而行，小李每分钟走50米，小张每分钟走60米。走了10分钟，小李停下来休息了2分钟后继续走。小李再走6分钟两人相距多少米？

分析：走了10分钟，小李停下来休息了2分钟后继续走。再走6分钟，小李共走了10+6=16（分），小张没有休息，那么此时共行走了16+2=18（分），而此时小李共走了50×16=800（米），小张共走了60×18=1080（米），所以两人此时相距800+1080=1880（米）。

解：（10+6）×50+（10+6+2）×60

=16×50+18×60

=800+1080

=1880（米）。

答：小李再走6分钟两人相距1880米。

例3：甲、乙两人同时从两地骑自行车相向而行，甲每小时行驶15千米，乙每小时行驶13千米，两人在距中点3千米处相遇。两地的距离是多少？

分析：从题中可知甲骑得快，乙骑得慢，相遇时甲过了中点3千米，乙距离中点3千米，就是说甲比乙多走的路程是3×2=6（千米），所以相遇时间是（3×2）÷（15−13）=3（时）。

解：（3×2）÷（15−13）=3（时），

（15+13）×3=84（千米）。

答：两地的距离是84千米。

例4：甲以每小时4千米的速度步行去某地，乙比甲晚4小时骑自行车从同一地点出发去追甲，乙每小时行驶12千米。

乙几小时可追上甲？

分析：要求乙几小时可以追上甲，先要求出甲在乙出发时先行的路程，用4×4即可得出。然后求出乙每小时比甲多行的路程，为12－4=8（千米），用甲先行的路程除以速度差即可得出答案。

解：4×4÷（12－4）=2（时）。

答：乙2小时可追上甲。

例5：小马上学忘了带书包，爸爸发现后立即骑自行车去追他，把书包交给他后立即回家。小马接到书包后又走了10分钟到达了学校，这时爸爸也刚好到家。已知爸爸的速度是小马速度的4倍。问小马从家到学校共用了多少分钟？

分析：据题意可知，爸爸的速度是小马速度的4倍，所以在相同的时间内，爸爸骑自行车行的路程是小马步行的4倍，即爸爸返回路程是小马被追及后到校的4倍，所以这段路程小马行了10×4=40分钟，从家到学校共用40+10=50分钟。

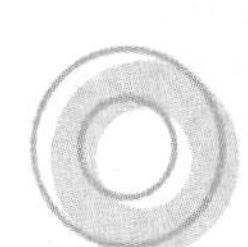

解：　10+10×4

=10+40

=50（分）。

答：小马从家到学校共用了50分钟。

应用习题与解析

1. 基础练习题

（1）甲、乙两地相距150千米。小明从甲地开车前往乙地，行了3小时后，离乙地还有15千米。小明开车平均每小时

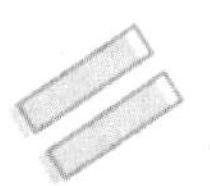

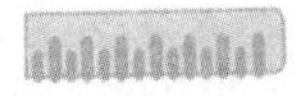
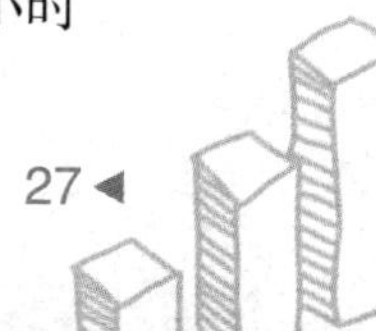

行多少千米?

考点：速度问题。

分析：甲、乙两地相距 150 千米，小明开车行驶 3 小时后，离乙地还有 15 千米，所以，小明开车 3 小时行驶了 150－15＝135（千米），因此，小明开车平均每小时行驶135÷3=45（千米）。

解：（150－15）÷3

=135÷3

=45（千米/时）。

答：小明开车平均每小时行驶45千米。

（2）甲、乙两地相距 276 千米。平平从甲地开车前往乙地，以 110 千米/时的速度行驶了 2 小时，平平离乙地还有多远?

考点：路程问题。

分析：平平开车以110千米/时的速度行驶了2个小时，那么，这2个小时平平行驶了110×2＝220（千米），所以，平平离乙地还有276－220＝56（千米）。

解：276－110×2＝56（千米）。

答：平平离乙地还有56千米。

（3）一辆大巴车从张村出发，如果每小时行驶60千米，4小时就可以到达李庄，结果只用了3个小时就到了。这辆大巴车实际平均每小时行驶多少千米呢?

考点：速度问题。

分析：本题考查了速度、路程、时间三者之间的关系，先求出不变的总路程，进而求解。

解：60×4÷3

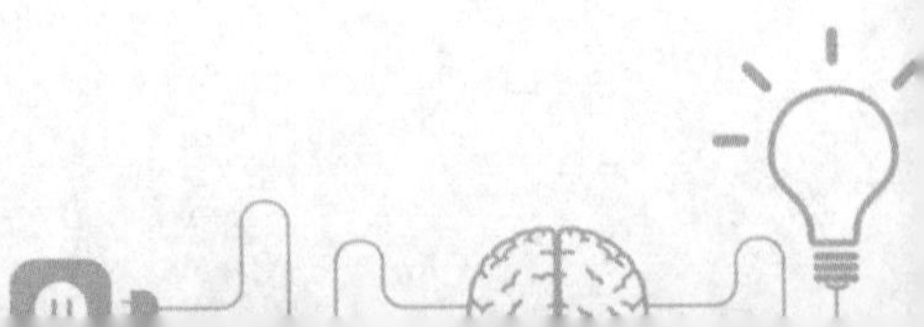

=240 ÷ 3

=80（千米/时）

答：这辆汽车实际平均每小时行驶80千米。

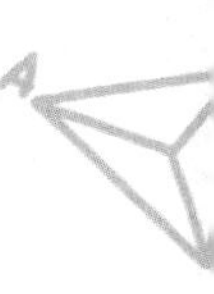

（4）甲、乙两地相距500千米，王叔叔开车从甲地到乙地2小时行驶200千米。照这样计算，到达乙地还要几小时？

考点：时间问题。

分析：先求出汽车的速度，200 ÷ 2=100（千米/时），再用剩下的路程 ÷ 速度=时间，即可求解。

解：200 ÷ 2=100（千米/时），

（500−200）÷ 100

=300 ÷ 100

=3（时）。

答：到达乙地还要3小时。

（5）小燕去上学时骑车，回家时步行，路上共用50分钟。若往返都步行，则全程需要70分钟。她往返都骑车需要多少时间？

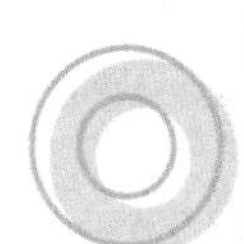

考点：时间问题。

分析：如果往返都步行，全程需要70分钟，则步行单程需要70 ÷ 2=35（分），又小燕上学时骑车，回家时步行，路上共用50分钟，所以骑车单程需要50−35=15（分），则往返都骑车需要15 × 2=30（分）。

解：（50−70 ÷ 2）× 2

=（50−35）× 2

=15 × 2

=30（分）。

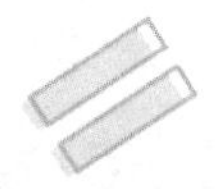

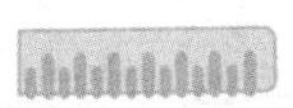

答：她往返都骑车需要30分钟。

（6）甲、乙二人分别从A、B两地同时相向出发，第一次相遇距离A点为6千米。相遇后，甲、乙二人继续前行并且分别到达B、A两地返回，第二次相遇距离B地3千米。A、B两地之间的距离是多少？

考点：相遇问题。

分析：解答这类题目，可以根据第一次相遇甲走的路程来进行推算，以后的每次相遇都是第一次相遇时所走路程的2倍，这样计算就简便了。甲和乙第一次相遇时，两人合走一个全程，第二次相遇时，两人合走三个全程。两人合走一个全程时，甲走了6千米；合走三个全程时，甲应该走了$6\times3=18$（千米）。又因为第二次相遇时，距B地3千米，那么减去这3千米，就正好是1个全程了。

解：　$6\times3-3$

$=18-3$

$=15$（千米）。

答：A、B两地之间的距离是15千米。

（7）甲、乙两车同时从A、B两地出发相向而行。甲车每小时行驶60千米，乙车每小时行驶50千米，相遇后两车继续按原速度前进，又经过3小时，甲车到达B地。相遇时，甲车行驶了多少千米？

考点：相遇问题。

分析：由题可知，相遇后甲3小时行驶的路程，等于相遇时乙行驶的路程：$60\times3=180$（千米）。由此可求出相遇时间，再根据“速度×相遇时间=路程”即可求出相遇时甲车行

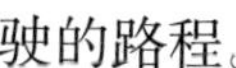

驶的路程。

解：60×3÷50=3.6（时），

60×3.6=216（千米）。

答：相遇时，甲车行驶了216千米。

（8）甲、乙两车同时从A、B两地出发相向而行，4小时后相遇，相遇后甲车继续行驶3小时到达B地，乙车每小时行驶60千米。A、B两地相距多少千米？

考点：相遇问题。

分析：从甲、乙两车相遇后甲车还得行驶3个小时到达B地，而这正好是两车相遇时乙车行驶了4个小时的路程，又知道乙车的速度，再根据路程、速度、时间之间的关系求出甲的速度，最后根据速度和×相遇时间=总路程，进而求出A、B两地的路程。

解：甲的速度：60×4÷3=80（千米/时），

总路程：（60+80）×4=560（千米）。

答：A、B两地相距560千米。

（9）小芳从学校以每分钟200米的速度骑车回家，1分钟后，小红也从学校出发，在距离学校1000米处追上小芳。小红的速度是多少呢？

考点：追及问题。

分析：先求出小芳走1000米所用的时间，小红3分钟后追上小芳，所以小红走1000米所用的时间可以求出，因而可以求出小红的速度。

解：1000÷200=5（分），

5−1=4（分），

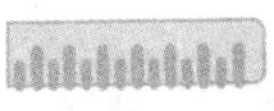

$1000\div4=250$（米/分）。

答：小红的速度是250米/分。

2. **提高练习题**

（1）甲、乙两人从相距36千米的两地相向而行，若甲先出发2小时，则乙动身2.5小时后两人相遇；若乙先出发2小时，则甲动身3小时后两人相遇。甲、乙两人速度分别是多少？

考点：相遇问题。

分析：这是行程问题中的相遇问题，把两种不同的情况看作走完两个全程，由所走的时间和，求出速度和，再进一步求得两人的速度。

解：甲走的时间：$2+2.5+3=7.5$（时），

乙走的时间：$2.5+2+3=7.5$（时）。

甲乙两次走的路程和：$36\times2=72$（千米），

速度和：$72\div7.5=9.6$（千米/时），

甲的速度：$(36-9.6\times2.5)\div2=6$（千米/时），

乙的速度：$9.6-6=3.6$（千米/时）。

答：甲的速度为6千米/时，乙的速度为3.6千米/时。

（2）主人追他的小狗，小狗跑3步的时间主人跑2步，但主人的1步相当于小狗的2步。小狗跑出10步后，主人开始追，主人追上小狗时，小狗共跑了几步？

考点：追及问题。

分析：设小狗跑3步的时间为单位时间，则小狗的速度为每单位时间3步，主人的速度为每单位时间$2\times2=4$（步），主人追上小狗需要$10\div(4-3)=10$（个单位时间），从而主人

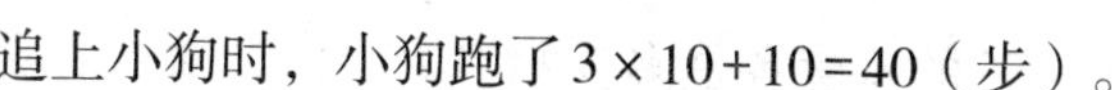

追上小狗时，小狗跑了3×10+10=40（步）。

解： 10÷（2×2−3）×3+10

=10÷1×3+10

=30+10

=40（步）。

答：主人追上小狗时，小狗跑出了40步。

（3）一位骑车人以300米/分的速度从102路电车始发站出发，沿102路电车路线前进，他离开出发地2100米时，一辆102路电车开出了始发站，这辆电车每分钟行驶500米，行驶5分钟到达一站并停车1分钟。这辆电车出发几分钟后才能追上这位骑车人？

考点：追及问题。

分析：由题意可知，电车追及距离为2100米，1分钟追上500−300=200（米），追上2100米要用（2100÷200）=10.5（分）。但电车行驶10.5分钟要停两站，电车停2分钟，骑车人又要前行300×2=600（米），电车追上这600米，又要多用600÷200=3（分）。由此可以解决这道问题。

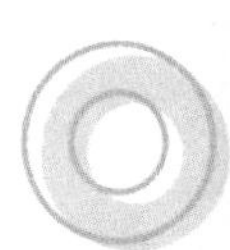

解：2100÷200=10.5（分），

1×2=2（分），

300×2=600（米），

600÷200=3（分）。

所以电车追上骑车人共需10.5+2+3=15.5（分）。

答：这辆电车出发15.5分钟后才能追上这位骑车人。

（4）甲、乙两车同时从相距180千米的A、B两地相向而行，3小时后，两车在距离中点30千米的地方相遇。已知甲比

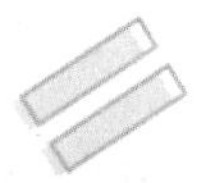

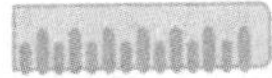

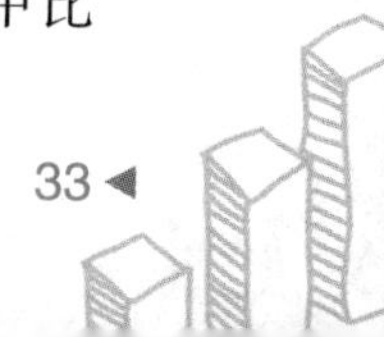

乙的速度要快，甲、乙的速度各是多少？

考点：相遇问题。

分析：已知甲、乙在距离中点30千米的地方相遇，而且甲走得比乙快，所以甲走的路程就是（180÷2+30）千米，乙走的路程是[180-（180÷2+30）]千米，由此可求甲的速度和乙的速度。

解：180÷2=90（千米），

90+30=120（千米），

120÷3=40（千米/时）；

180-120=60（千米），

60÷3=20（千米/时）。

答：甲车的速度为40千米/时，乙车的速度为20千米/时。

（5）甲、乙两人同时从A、B两地相向而行，两人相遇时所行的路程之比是3∶2，这时甲比乙多行18千米。若甲从A地到B地需用6小时，求乙的速度。

考点：相遇问题。

分析：首先要明确，相遇时两人用的时间一定。时间一定，行驶路程与速度成正比。解答本题的关键是求出A、B两地之间的距离。把A、B两地间距离看作单位“1”，两人相遇时所行距离的比是3∶2，先求出甲比乙多行总距离的几分之几，运用分数除法求出两地之间距离。再根据速度=路程÷时间，求出甲的速度，最后根据时间一定，行驶路程与速度成正比即可解答。

解：　3+2=5，

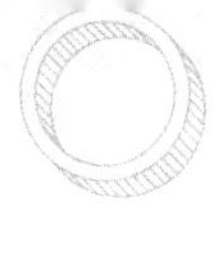

$$18\div\left(\frac{3}{5}-\frac{2}{5}\right)\div6\times\frac{2}{3}$$

$$=18\div\frac{1}{5}\div6\times\frac{2}{3}$$

$$=90\div6\times\frac{2}{3}$$

$$=15\times\frac{2}{3}$$

$=10$（千米/时）。

答：乙的速度是10千米/时。

（6）从甲地到乙地大车要行6小时，小车要行4小时，两车同时从两地相向而行，在离中点36千米处相遇，甲、乙两地之间的距离是多少？

考点：相遇问题。

分析：

36千米

甲 乙

相遇点 中点

图 1.2−1

从甲地到乙地，大车需要行驶6小时，小车需要行驶4小时，所以小车行驶速度比大车行驶速度快，在离中点36米处相遇，可以用画图（图1.2−1所示）的形式表现。所以可以根据两车的速度比求出行驶路程占比，从而求出甲、乙两地之间的距离。

解：大车与小车的速度比4∶6=2∶3，

大车走了全程的$2\div(2+3)=\dfrac{2}{5}$，

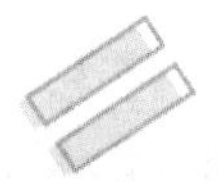

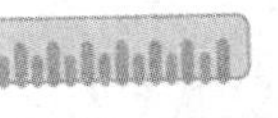
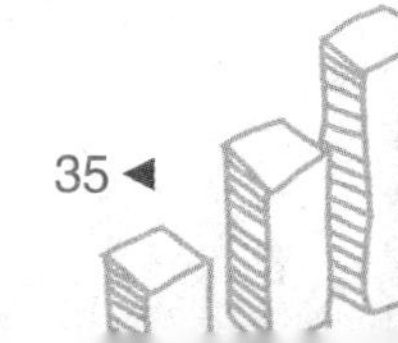

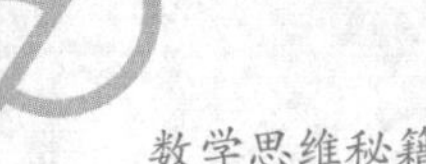

两地相距$36\div(\frac{1}{2}-\frac{2}{5})=36\div\frac{1}{10}=360$（千米）。

答：甲、乙两地之间的距离是360千米。

（7）甲、乙两车同时从A、B两地相向而行，第一次在离A点80千米处相遇，之后两车继续前进，到达目的地后马上返回，第二次相遇在离A地40千米处。求A、B两地之间的距离。

考点：多次相遇问题。

分析：抓住“每行驶一个A、B两地的距离，A地出发的甲车就行驶80千米”这个重点进行解答，是完成本题的关键。第一次相遇时，两车共行了A、B两地的距离，其中从A地出发的甲行驶了80千米，即每行驶一个A、B两地的距离，从A地出发的甲车就行驶80千米。第二次相遇时，两车共行驶了A、B两地距离的3倍，则A地出发的甲车行驶了$80\times3=240$（千米）。所以，A、B两地相距$(240+40)\div2=140$（千米）。

解：$(80\times3+40)\div2$

$=280\div2$

$=140$（千米）。

答：A、B两地之间的距离是140千米。

（8）甲、乙两人分别从A、B两地同时相向而行，乙的速度是甲的$\frac{2}{3}$，两人相遇后继续前进，甲到B地，乙到A地后立即返回。已知两人第二次相遇的地点距第一次相遇的地点20千米。A、B两地相距多少千米？

考点：多次相遇问题。

分析：根据甲、乙两人速度比，将全程分为5份进行分析解答是完成本题的关键。

由于乙的速度是甲的$\frac{2}{3}$，所以每行驶一个全程，甲行驶全程的3份，乙行驶全程的2份。如图1.2-2，将AC作为3份，则CB是2份，第一次两人相遇于C点，第二次相遇于D点，第一次相遇，甲、乙共走一个AB。第一次相遇到第二次相遇，甲、乙共走2个AB，因此，乙应走CB的2倍，即4份，从而AD是1份，DC是3-1=2（份）。已知DC是20千米，所以AB的长度是20÷2×（2+3）=50（千米）。

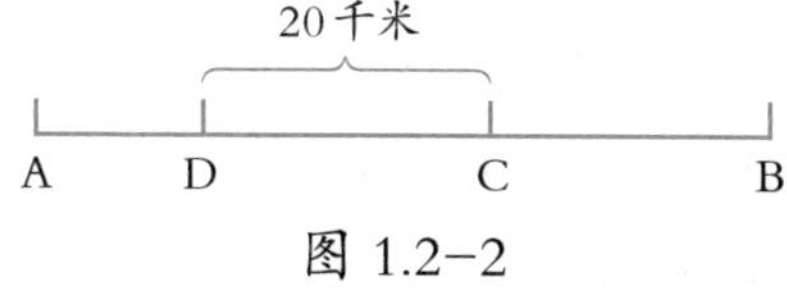

图 1.2-2

解：如图1.2-2，根据题意，将AC作为3份，则CB是2份，第一次相遇，甲、乙共走一个AB。第一次相遇到第二次相遇，甲、乙共走2个AB，因此，乙应走CB的2倍，即4份，从而AD是1份，DC是3-1=2（份）。已知DC是20千米，所以AB的长度是：

20÷2×（2+3）

=10×5

=50（千米）。

答：A、B两地相距50千米。

（9）甲、乙二人环绕周长是400米的跑道跑步，如果两人从同一地点出发背向而行，那么经过2分钟两人相遇；如果两人从同一地点出发同向而行，那么经过20分钟两人相遇。已知甲的速度比乙的速度快，甲、乙每分钟各跑多少米？

考点：相遇问题。

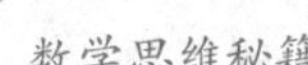

分析：由已知条件可以求出二者的速度和与速度差，进而可求各自的速度。

解：甲、乙的速度和为$400 \div 2=200$（米/分），

甲、乙的速度差为$400 \div 20=20$（米/分），

甲的速度为（$200+20$）$\div 2=110$（米/分），

乙的速度为$200-110=90$（米/分）。

答：甲每分钟跑110米，乙每分钟跑90米。

（10）甲、乙二人绕周长为1200米的环形广场竞走，已知甲每分钟走80米，乙的速度是甲的2倍，现在甲在乙的后面距乙240米。乙追上甲需要几分钟？

考点：追及问题。

分析：完成本题要注意的是在环形广场竞走，甲在乙后面240米，则乙追上甲的距离为（$1200-240$）米，而不是240米。甲每分钟走80米，乙的速度是甲的2倍，则乙的速度为$80 \times 2=160$（米/分），所以两人的速度差为$160-80=80$（米/分），现在甲在乙后面240米，则乙和甲的距离差为$1200-240=960$（米），所以乙追上甲需要$960 \div 80=12$（分）。

解：（$1200-240$）$\div$（$80 \times 2-80$）

$=960 \div$（$160-80$）

$=960 \div 80$

$=12$（分）。

答：乙追上甲需要12分钟。

（11）甲、乙、丙三人每分钟分别行走30米、40米、50米，甲、乙在A地同时同向出发，丙从B地也同时出发去追赶

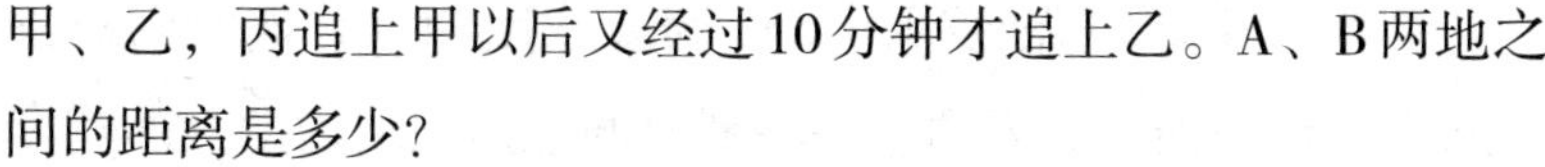

甲、乙，丙追上甲以后又经过10分钟才追上乙。A、B两地之间的距离是多少？

考点：两次追及问题。

分析：丙追上甲后10分钟又追上乙，这10分钟丙所走路程为50×10=500（米），乙也继续前行10分钟，所走路程为40×10=400（米）。当丙与甲相遇时，乙已经比甲多行了500−400=100（米）。追及问题：路程差÷速度差=共同行使时间，所以，甲所用时间为100÷（40−30）=10（分钟），而甲所用时间和丙所用时间是相同的，所以，A、B两地之间的距离为（50−30）×10=200（米）。

解：丙追上甲后，至丙再追上乙，丙所走的路程为

50×10=500（米），

丙追上甲后，至丙再追上乙，乙所走的路程为

40×10=400（米），

三人同时出发至丙追上甲时，乙比甲多走的路程为

500−400=100（米）。

三人同时出发至丙追上甲时的时间为

100÷（40−30）=10（分），

A、B两地之间的距离为（50−30）×10=200（米）。

答：A、B两地之间的距离是200米。

（12）甲、乙两人从A地到B地，丙从B地到A地。他们同时出发，甲骑车每小时行8千米，丙骑车每小时行10千米，甲、丙两人经过5小时相遇，再过1小时，乙、丙两人相遇。请乙的速度是多少？

考点：相遇问题。

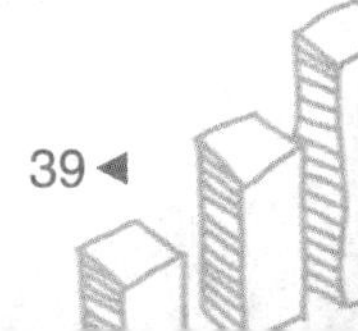

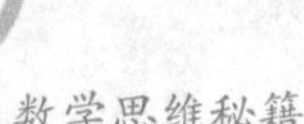

分析：本题可先根据甲、丙两人速度和及相遇时间求出总路程，再根据乙、丙两人的相遇时间求出乙、丙两人的速度和，之后就能求出乙的速度了。

解：（8+10）×5÷（5+1）-10

=18×5÷6-10

=15-10

=5（千米/时）。

答：乙的速度是5千米/时。

奥数习题与解析

1．基础训练题

（1）兄妹二人同时从家去学校，哥哥每分钟走90米，妹妹每分钟走60米。哥哥到校门口发现忘记带课本，立即返回家取，走至离校门口180米处与妹妹相遇。他们家离学校多远？

分析：追及相遇问题。要求距离，速度已知，关键是求出相遇时间。从题中可知，在相同时间（从出发到相遇）内哥哥比妹妹多走（180×2）米，这是因为哥哥比妹妹每分钟多走（90-60）米。所以就可以求出相遇时间，然后就可以求出距离。

解：相遇时间：180×2÷（90-60）=12（分），

家离学校距离：90×12-180=900（米）。

答：他们家离学校900米。

（2）哥哥、妹妹二人同时从家里出发去学校，家与学校相距1400米。哥哥骑自行车每分钟行200米，妹妹每分钟

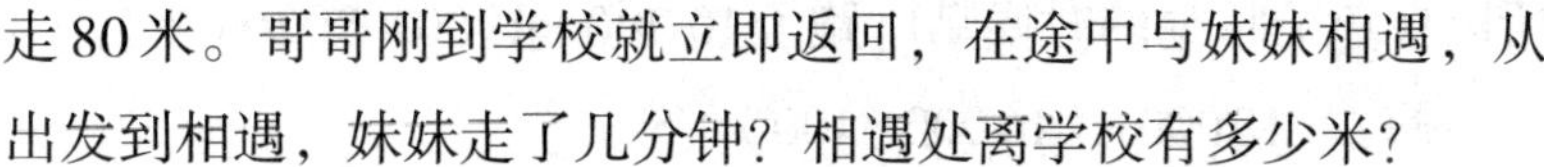

走80米。哥哥刚到学校就立即返回，在途中与妹妹相遇，从出发到相遇，妹妹走了几分钟？相遇处离学校有多少米？

分析：

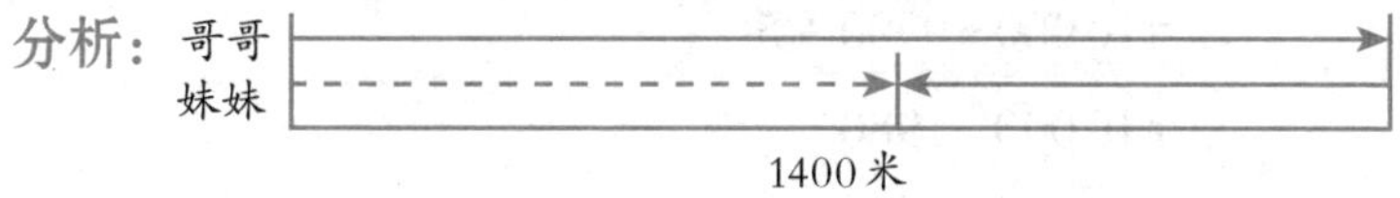

图 1.3–1

从图1.3–1可以看出，哥哥与妹妹相遇时他们所走的路程的和相当于从家到学校距离的2倍。因此本题可以转化为“哥哥妹妹相距2800米，两人同时出发，相向而行，哥哥每分钟行200米，妹妹每分钟走80米，经过几分钟相遇”的问题，解答就容易了。主要运用公式“总路程=（甲速+乙速）×相遇时间”。

解：①从家到学校的距离的2倍为1400×2=2800（米），
从出发到相遇所需的时间为
2800÷（200+80）=10（分）。
②相遇处到学校的距离为1400−80×10=600（米）。

答：从出发到相遇，妹妹走了10分钟。相遇处离学校有600米。

（3）龟、兔进行10 000米赛跑，兔子的速度是乌龟的5倍，当它们从起点出发后，乌龟不断地跑，兔子跑到某一地点开始睡觉。兔子醒来时，乌龟已经领先它5000米。兔子奋起直追，但乌龟到达终点时，兔子仍落后100米。那么在兔子睡觉期间，乌龟跑了多少米？

分析：追及问题。根据题意，兔子一共跑了10 000−100=9900（米），因为兔子的速度是乌龟的5倍，所以在兔子跑的同时乌龟跑了9900÷5=1980（米），而实际乌龟跑了10 000米，

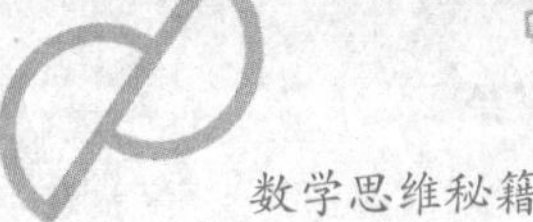

所以在兔子睡觉的时候乌龟跑了10 000－1980＝8020（米）。

解：　10000－（10000－100）÷5

＝10000－9900÷5

＝10000－1980

＝8020（米）。

答：兔子睡觉的时候，乌龟跑了8020米。

（4）小明家离学校2300米，哥哥从家中出发，5分钟后小明从学校出发，二人相向而行。小明出发10分钟后与哥哥相遇。如果哥哥每分钟比小明多走20米，求他们每分钟各走多少米。

分析：相遇问题，主要切入点是路程＝速度×时间。可采用前面的方法，也可采用列方程进行解答。由于哥哥每分钟比小明多走20米，可以设小明每分钟走x米，那么哥哥每分钟走（x+20）米。由于哥哥提前5分钟出发，所以哥哥5分钟走了5×（x+20）米；由于小明出发10分钟后与哥哥相遇，那么这10分钟哥哥和小明一共走了10×（x+20+x）米，所以可以得到5×（x+20）+10×（x+20+x）＝2300。

解：（方法一）2300－（10+5）×20＝2000（米），

2000÷（5+10+10）＝80（米/分），

80+20＝100（米/分）。

（方法二）设小明每分钟走x米，则哥哥每分钟走（x+20）米。列方程，得

$$5\times(x+20)+10\times(x+20+x)=2300,$$

$$5x+100+20x+200=2300,$$

$$25x=2000,$$

$$x=80。$$

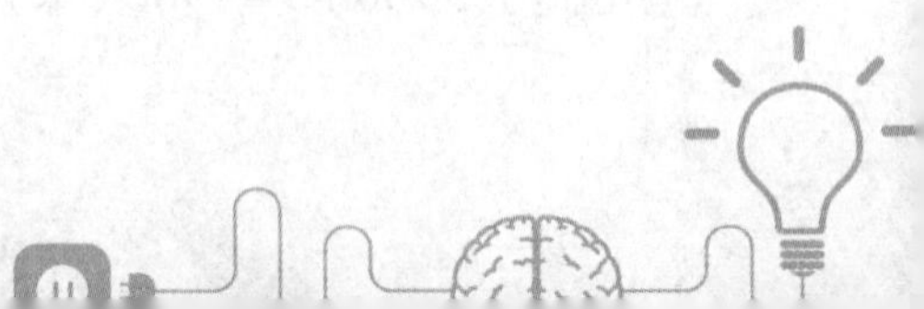

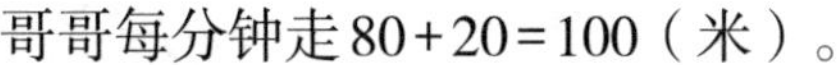

哥哥每分钟走80+20=100（米）。

答：小明每分钟走80米，哥哥每分钟走100米。

（5）A、B两城间有一条公路长240千米，甲、乙两车同时从A、B两城出发，甲以45千米/时的速度从A城到B城，乙以35千米/时的速度从B城到A城。各自到达对方城市后立即以原速沿原路返回，几小时后，两车在途中第二次相遇？相遇地点离A城多少千米？

分析：

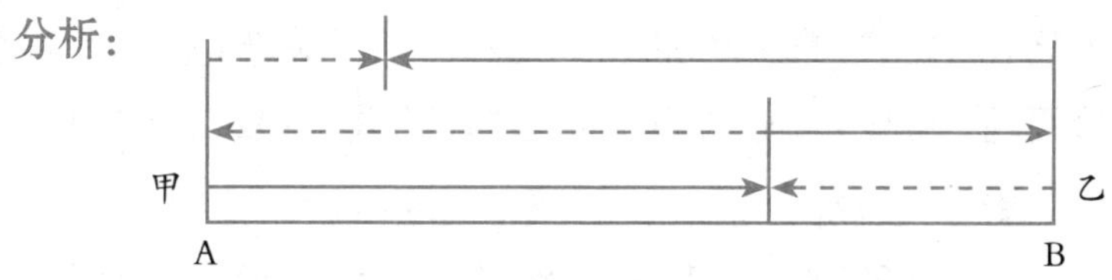

图 1.3−2

从图1.3−2可以看出，甲、乙两车第一次相遇时，行驶了一个全程。然后甲、乙两车到达对方城市后立即以原速沿原路返回，当甲、乙第二次相遇时，共行驶了3个全程，这时甲、乙共行驶了几小时呢？可以用两城全长的3倍除以甲乙速度之和就可以了。

解：甲、乙出发到第二次相遇一共行驶的路程为：

$240\times3=720$（千米），

甲、乙两车的速度和为$45+35=80$（千米/时），

甲、乙两车从出发到第二次相遇所用的时间为：

$720\div80=9$（时）。

相遇地点离A城的距离为$35\times9-240=75$（千米）。

答：9小时后，两车在途中第二次相遇。相遇地点离A城75千米。

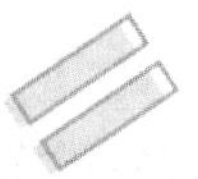

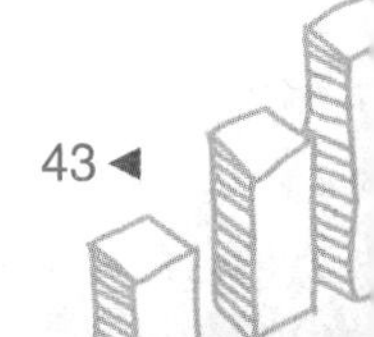

2. **拓展训练题**

（1）两城市相距328千米，甲、乙两人骑自行车同时从两城出发，相向而行。甲每小时行28千米，乙每小时行22千米。乙在中途修车耽误1小时，然后继续行驶。两人从出发到相遇经过多长时间?

分析：相遇问题。由于乙在中途停车 1 小时，那么甲、乙两人从出发到相遇共行路程的和可看作：$328+22\times1=350$（千米）。两车的速度和：$28+22=50$（千米/时），然后根据相遇问题“路程和÷速度和 = 相遇时间”得 $350\div50=7$（时）。

解：（方法一）

$(328+22\times1)\div(28+22)=350\div50=7$（时）。

（方法二）

$(328-28\times1)\div(28+22)=300\div50=6$（时），

$6+1=7$（时）。

答：两人从出发到相遇经过7个小时。

（2）东、西两地间有一条公路长 217.5 千米，甲车以每小时25千米的速度从东地到西地。1.5小时后，乙车从西地出发，再经过3小时两车还相距15千米。乙车每小时行驶多少千米?

分析：相遇问题。要求乙车每小时行驶多少千米，关键要知道乙车已经行驶的路程和行驶这段路程所用的时间。

解：（方法一）

甲车一共行驶的时间为$1.5+3=4.5$（时），

甲车一共行驶的路程为$25\times4.5=112.5$（千米）。

乙车一共行驶的路程为$217.5-112.5-15=90$（千米），

乙车的速度为$90\div3=30$（千米/时）。

（方法二）

设乙车每小时行驶x千米。列方程，得

$217.5-(4.5\times25+3x)=15,$

$217.5-112.5-3x=15,$

$3x=90,$

$x=30$。

答：乙车每小时行驶30千米。

（3）小明和小红两人从相距2280米的两地相向而行，小明每分钟走60米，小红每分钟走80米，小明出发3分钟后小红才出发，小红出发多长时间后与小明相遇？相遇时两人各走了多少米？

分析：相遇问题。

解：（方法一）

$(2280-3\times60)\div(80+60)=2100\div140=15$（分），

小红走了$80\times15=1200$（米），

小明走了$2280-1200=1080$（米）。

（方法二）

设小红出发x分钟后与小明相遇。

根据小红和小明相遇时刚好走完全程列方程，得

$60\times3+(60+80)x=2280$

$140x=2280-180$

$x=15$。

此时小红和小明分别走了：

$80\times15=1200$（米），

$2280-1200=1080$（米）。

答：小红出发15分钟后与小明相遇。两人相遇时小红走了1200米，小明走了1080米。

（4）好马每天走120千米，劣马每天走75千米，劣马先走12天，好马几天能追上劣马？

分析：追及问题。主要运用公式“追及时间=追及路程÷（快速-慢速）”求解。

解：劣马先走12天走的路程为75×12=900（千米），

好马追上劣马需要的天数为

900÷（120-75）=20（天）。

综合算式：

75×12÷（120-75）

=900÷45

=20（天）。

答：好马20天能追上劣马。

（5）一辆客车从甲站开往乙站，每小时行驶48千米，一辆货车同时从乙站开往甲站，每小时行驶40千米，两车在距两站中点16千米处相遇。求甲、乙两站的距离。

分析：这道题可以由相遇问题转化为追及问题来解决。从题中可知客车落后于货车（16×2）千米，客车追上货车的时间就是前面所说的相遇时间，这个时间为16×2÷（48-40）=4（时），所以两站间的距离为（48+40）×4=352（千米）。

解：相遇时间为16×2÷（48-40）=4（时），

两站间的距离为（48+40）×4=352（千米）。

综合算式：

（48+40）×[16×2÷（48-40）]

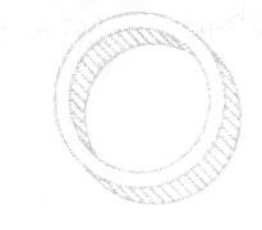

$=88\times4$

$=352$（千米）。

答：甲、乙两站的距离是352千米。

（6）甲、乙、丙三辆车同时从A地出发去B地，甲、乙两车速度分别为60千米/时和48千米/时，同时有一辆迎面开来的卡车，分别在它们出发后6小时、7小时、8小时先后与甲、乙、丙三车相遇。丙车的速度是多少？

分析：

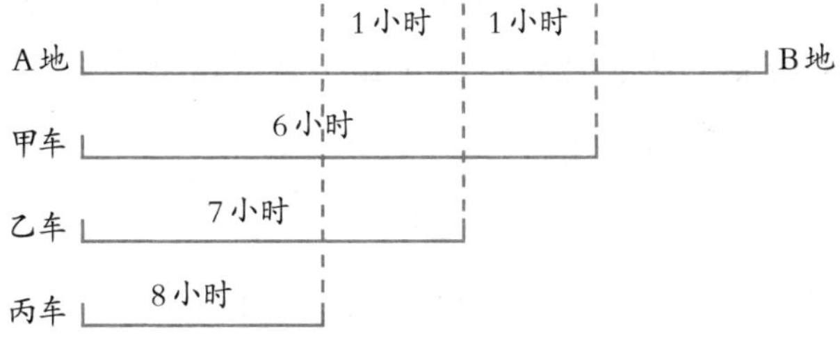

图 1.3-3

相遇问题。解答的关键是求出卡车的速度，从图1.3-3可以看出，甲车6小时的行程与乙车7小时的行程差正好是卡车1小时行驶的路程。再根据速度和、相遇时间和路程三者之间的关系（速度和=路程÷相遇时间）求出丙车速度。

解：（方法一）

卡车的速度为

$(60\times6-48\times7)\div(7-6)=24\div1=24$（千米/时），

A、B两地之间的距离为$(60+24)\times6=504$（千米）。

丙车与卡车的速度和为$504\div8=63$（千米/时），

丙车的速度为$63-24=39$（千米/时）。

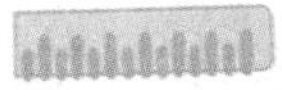

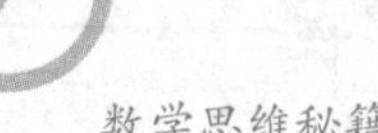
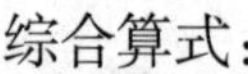

综合算式：

$[60+(60\times6-48\times7)\div(7-6)]\times6$

$=(60+24)\times6$

$=504$（千米），

丙车的速度为 $504\div8-24=39$（千米/时）。

答：丙车的速度是39千米/时。

（7）如图1.3-4，A、B 是圆的直径的两端，小张在 A 点、小王在 B 点同时出发，相向行走，他们在距 A 点80米处的 C 点第一次相遇，接着又在距 B 点60米处的 D 点第二次相遇。求这个圆的周长。

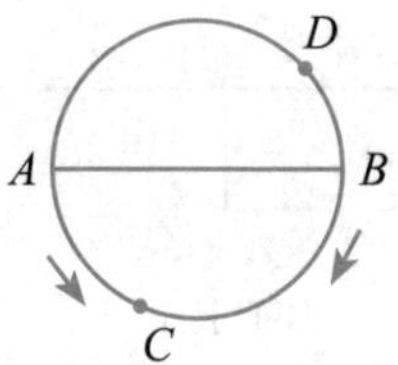

图 1.3-4

分析：此题属于环形跑道问题，可以把它看作相遇问题来处理。第二次相遇时小张共走了"$C\div2+60=80\times3$"是解题的关键。

解：圆的周长为 C，第一次相遇时两人共走了 $0.5C$，第二次相遇时两人共走了 $1.5C$，即第二次相遇时两人共走的路程是第一次相遇时的三倍，而第一次相遇时小张走了80米，故第二次相遇时小张共走了 $80\times3=240$（米）。

$(80\times3-60)\times2=360$（米）。

答：这个圆的周长为360米。

课外练习与答案

1. 基础练习题

（1）甲骑车，乙跑步，两人同时同地同向出发，沿着周长为4千米的环形公路进行晨练，出发后10分钟，甲便追上了乙。已知两人的速度和是700米/分，甲、乙两人的速度各是多少？

（2）A、B两人分别从甲村、乙村相对而行，第一次相遇在距甲村2.8千米处，第二次相遇在距甲村2.4千米处。甲村、乙村间的距离是多少？

（3）甲、乙两人以60米/分的速度同时同地同向步行出发。走15分钟后甲返回原地取东西，而乙继续前进，甲取东西用去5分钟的时间，然后改骑自行车以360米/分的速度追乙。甲骑车多少分钟才能追上乙？

（4）在300米长的环形跑道上，甲、乙两人同时同地同向跑步，甲每秒跑5米，乙每秒跑4.4米。两人起跑后的第一次相遇点在起点前多少米？

（5）甲、乙两人从A、B两点匀速相向而行，在距A点40米处相遇，继续前行各自到达终点后返回，在距B点15米处又相遇。A、B两点间距离为多少？

（6）小明和小丽相向而行，若小明每分钟走52米，小丽每分钟走70米，则两人在A处相遇；若小明先走4分钟，且速度不变，小丽每分钟走90米，则两人仍在A处相遇。两家相距多少米？

（7）甲、乙两人同时相向而行。甲步行从A地到B地，

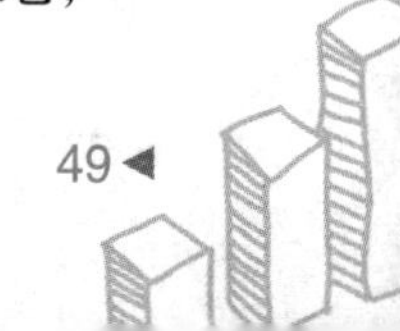

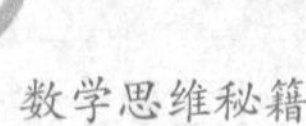

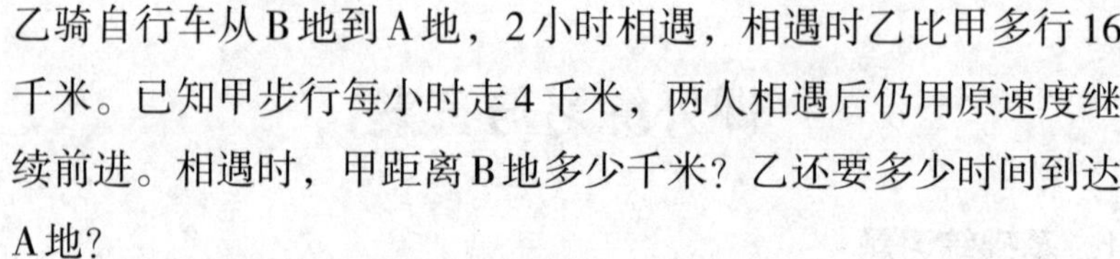

乙骑自行车从B地到A地，2小时相遇，相遇时乙比甲多行16千米。已知甲步行每小时走4千米，两人相遇后仍用原速度继续前进。相遇时，甲距离B地多少千米？乙还要多少时间到达A地？

（8）小明和小华从学校去电影院看电影，小明每分钟走40米，他出发3分钟后小华才以50米/分的速度出发，结果在学校与电影院的中点处小华追上了小明。学校到电影院有多少米？

（9）甲、乙两人骑自行车从学校同向出发，甲每小时行18千米，乙每小时行15千米。出发15分钟后，甲因为有事返回学校，到学校后又耽搁了半小时，然后动身去追乙。甲再次从学校出发追上乙需要几小时？

（10）甲、乙两人同时从学校骑车去江边，甲每小时行15千米，乙每小时行20千米，途中乙因修车停留了24分钟，结果两人同时到达江边。从学校到江边有多少千米？

（11）张、李两人分别从A、B两地同时相向而行，张每小时走5千米，李每小时走4千米，两人第一次相遇后继续向前走，当张走到B地，立即按原路原速度返回。李走到A地也立即按原路原速度返回。两人从开始走到第二次相遇时用了4小时。求A、B两地相距多少千米？

（12）甲、乙两人分别从A、B两地同时出发，相向而行，甲、乙两人的速度比是4∶5，相遇后，如果甲的速度降低25%，乙的速度提高20%，然后继续沿原方向行驶，当乙到达A地时，甲距离B地30千米。A、B两地相距多少千米？

（13）甲、乙两人同时从A、B两地相向而行，甲、乙两人的速度之比为5∶4，相遇后甲乙两人按原速度继续前行，

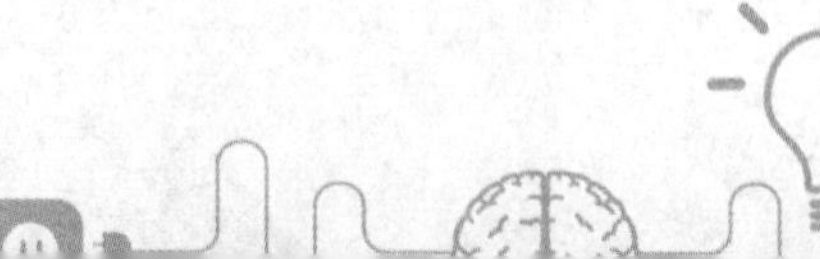

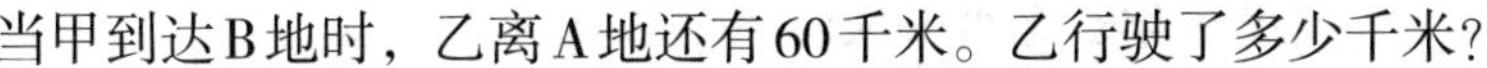

当甲到达B地时，乙离A地还有60千米。乙行驶了多少千米？

（14）小张与小王分别从甲、乙两村同时出发，在两村之间往返行走（到达另一村后马上返回）。他们在离甲村3.5千米处第一次相遇，在离乙村1千米处第二次相遇。他们第四次相遇的地点离乙村几千米？（相遇指迎面相遇）

2. 提高练习题

（1）甲、乙两人从A、B两地骑车相向而行，2小时后相遇。相遇后，乙继续向A地前进，而甲返回。当甲到达A地时，乙距离A地还有4千米。已知A、B两地相距80千米，甲、乙每小时各骑多少千米？

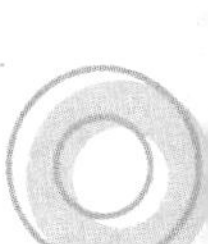

（2）当甲在60米赛跑中冲过终点时，比乙领先10米，比丙领先20米。如果当乙和丙按原来的速度继续冲向终点，那么当乙到达终点时将比丙领先多少米？

（3）小明和小军同时从学校和少年宫出发，相向而行，小明每分钟走90米，两人相遇后，小明再走4分钟到达少年宫。小军再走270米到达学校。小军每分钟走多少米？

（4）甲、乙两人由A地到B地，甲每分钟走60米，乙每分钟走45米，乙比甲早走4分钟，两人同时到达B地。A、B两地相距多少米？

（5）A、B两地相距119千米，甲乙两车同时从A、B两地出发，相向而行，并连续往返于甲、乙两地。甲车每小时行驶42千米，乙车每小时行驶28千米。几小时后两车在途中第三次相遇？相遇时甲车行驶了多少千米？

（6）两列火车从某站相背而行，甲车每小时行驶158千米，开出1小时后，乙车以162千米/时开出。乙车开出2小时

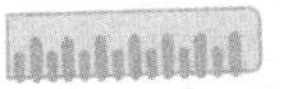

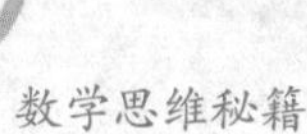

后，两列火车相距多少千米？

（7）甲、乙两人同时从A、B两地相对出发，两人在途中距A地80千米处第一次相遇，然后两人继续前进，甲到达B地，乙到达A地后都立刻返回，两人又在途中距B地20千米处第二次相遇。A、B两地间的路程是多少千米？

（8）甲每分钟走50米，乙每分钟走60米，丙每分钟走70米，甲、乙两人从A地，丙一人从B地同时相向出发，丙遇到乙后2分钟又遇到甲。A、B两地相距多少米？

（9）甲、乙两地相距350千米，一辆汽车在早上8时从甲地出发，以40千米/时的速度开往乙地。2小时后另一辆汽车以50千米/时的速度从乙地开往甲地。几时两车在途中相遇呢？

3. 经典练习题

（1）甲、乙两地相距710千米，一辆货车和一辆客车同时从两地相对开出，已知客车每小时行78千米，5小时后两车差20千米才能相遇。货车的速度是多少？

（2）甲、乙学生从学校去少年活动中心，甲每分钟走60米，乙每分钟走50米。乙走了4分钟后，甲才开始走，两人同时到达少年活动中心。学校距少年活动中心多少千米？

（3）甲、乙两人同时从山脚开始爬山，到达山顶后就立即下山，他们两人的下山速度都是各自上山速度的1.5倍，而且甲比乙速度快。开始后1小时，甲与乙在距山顶300米处相遇，当乙到达山顶时，甲恰好下到半山腰。甲从出发到回到出发点共用多少小时？

（4）甲、乙两车从A、B两地相向而行，甲车比乙车早出发15分钟，甲、乙两车的速度比是2∶3，相遇时甲车比乙

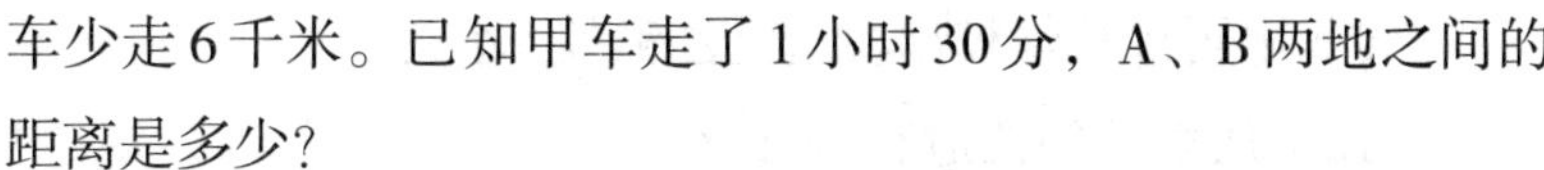

车少走6千米。已知甲车走了1小时30分，A、B两地之间的距离是多少？

（5）小张、小王和小李同时从湖边同一地点出发绕湖行走。小张的速度是5.4千米/时，小王的速度是4.2千米/时，他们两人同方向行走，小李与他们反方向行走。半小时后小张与小李相遇，再过5分钟，小李与小王相遇。绕湖一周的路程是多少千米？

（6）甲、乙两人在长为30米的游泳池里来回游泳，甲的速度是1米/秒，乙的速度是0.6米/秒。如果他们同时分别从游泳池的两端出发来回共游10分钟，且不计算转身时间，那么共相遇多少次？

答案

1. 基础练习题

（1）甲骑车的速度是550米/分，乙跑步的速度是150米/分。

（2）甲村、乙村间的距离是5.4千米。

（3）甲骑车7分钟才能追上乙。

（4）两人起跑后的第一次相遇点在起点前100米。

（5）A、B两点间距离为105米。

（6）两家相距2196米。

（7）相遇时，甲距离B地24千米。乙还要40分钟到达A地。

（8）学校到电影院有1200米。

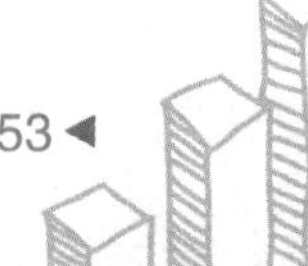

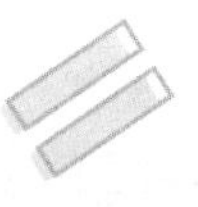

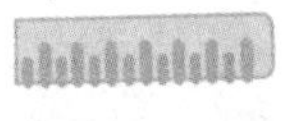

（9）甲再次从学校出发追上乙需要5小时。

（10）从学校到江边有24千米。

（11）A、B两地相距12千米。

（12）A、B两地相距90千米。

（13）乙行驶了240千米。

（14）他们第四次相遇的地点离乙村4千米。

2. 提高练习题

（1）甲每小时骑21千米，乙每小时骑19千米。

（2）当乙到达终点时将比丙领先12米。

（3）小军每分钟走120米。

（4）A、B两地相距720米。

（5）8.5小时后两车在途中第三次相遇，相遇时甲车行驶了357千米。

（6）两列火车相距798千米。

（7）A、B两地间的距离是220千米。

（8）A、B两地相距3120米。

（9）13时两车在途中相遇。

3. 经典练习题

（1）货车的速度是60千米/时。

（2）学校距少年活动中心1200米。

（3）甲从出发到回到出发点共用1.5小时。

（4）A、B两地之间的距离是5千米。

（5）绕湖一周的路程是4.2千米。

（6）共相遇20次。

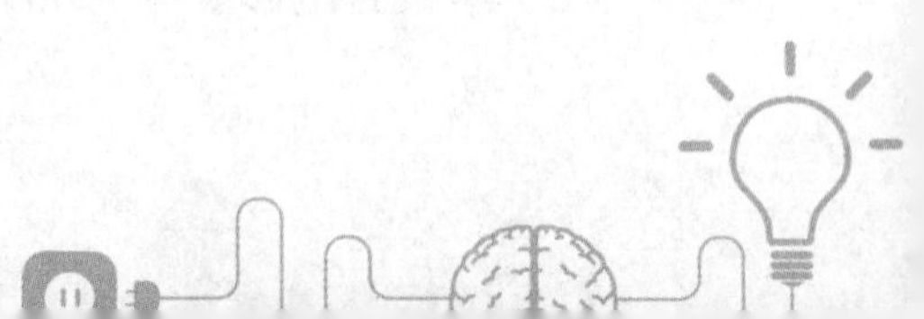

◆ 时针与分针的相遇

“这次讲一个莫名其妙的题目。”说完，马先生在黑板上写出下面的例题。

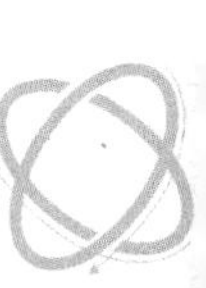

例1：时钟的时针和分针，在2时和3时之间，什么时候重合在一起？

我知道这个题，王有道确实是会算的，但是很奇怪，马先生写完题目以后，他却一声不吭。后来下了课，我问他，他的回答是：“会算是会算，但听听马先生有什么别的讲法，不是更有益处吗？”

我听了他的这番话，不免有些惭愧，对于我已经懂得的东西，往往不喜欢再听先生讲，这着实是个缺点。

“这题的难点在哪里？”马先生问。

“两只针都在钟面上转，分针转得快，时针转得慢。”我大胆地回答。

“不错！不过，你们只要仔细地想一想，便没有什么困难的问题了。”

马先生接着说：“无论是跑圆圈，还是跑直路，总是在一定的时间内，走过了一定的距离。而且，时钟的这两根针，好像受过严格训练一样，在相同的时间内，各自所走的‘距离’

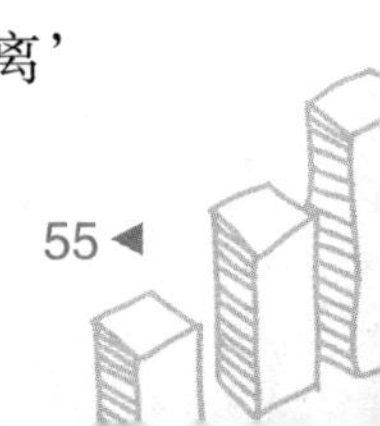

总是一定的。”

在物理学上，这叫作等速运动。一切的运动法则都可用速度、时间和距离这三项的关系表示出来。在等速运动中，它们的关系是：距离 = 速度 × 时间。

现在根据这一点，将本题探究一番。

“李大成，你说分针转得快，时针转得慢，你是怎么知道的呢？”马先生向我提出这样的问题，惹得大家都哄堂笑了起来。当然，这是看见过时钟走动的人都知道的，当然不是什么问题。

不过马先生特地提出来，我倒不免有点发呆了。怎样回答好呢？最终我大胆地答道：“看出来的！”

“当然，不是摸出来的，而是看出来的了！不过我的意思，单说快慢，未免太笼统些，我要问你，这快慢，是怎样比较出来的？”

“分针 1 小时转 60 分钟的‘距离’，时针只转 5 分钟的‘距离’，分针不是比时针转得快吗？”

“这就对了！但是我们现在知道的是分针和时针在 60 分钟内所走的‘距离’，那么它们的速度是多少呢？”马先生望着周学敏。

“用时间去除距离，就会得到速度。分针每分钟转 1 分钟的‘距离’，时针每分钟只转 $\frac{1}{12}$ 分钟的‘距离’。”周学敏答道。

“现在，两只针的速度都已经知道了，暂且放下。再来看题上的另一个条件，下午两点钟的时候，分针距时针多远？”

“10 分钟的‘距离’！”四五个人一同回答。

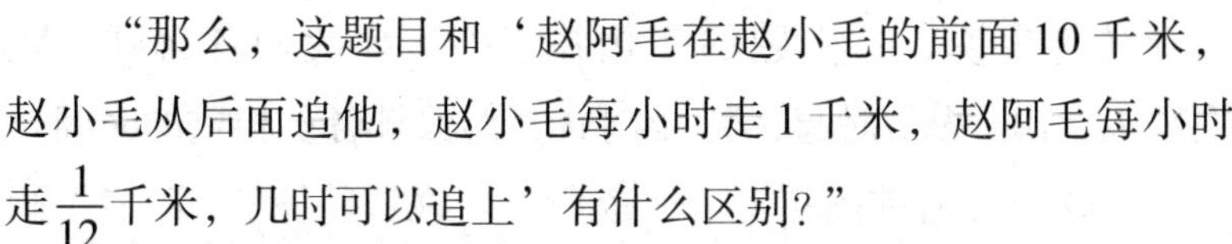

“那么，这题目和‘赵阿毛在赵小毛的前面 10 千米，赵小毛从后面追他，赵小毛每小时走 1 千米，赵阿毛每小时走 $\frac{1}{12}$ 千米，几时可以追上’有什么区别？”

“一样！”真正是众口一词。

这样探究的结果，我们不但能够将图（图 2-1）画出来，而且算法也非常明晰了：

$$10\div\left(1-\frac{1}{12}\right)$$

$$=10\div\frac{11}{12}$$

$$=\frac{120}{11}$$

$$=10\frac{10}{11}\text{（分）。}$$

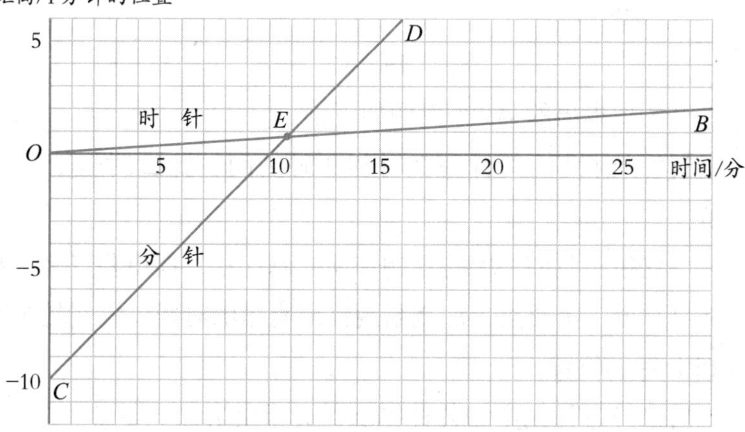

图 2-1

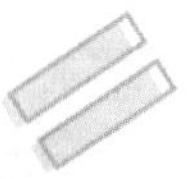

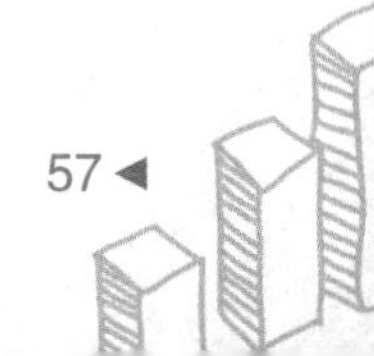

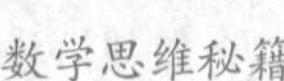

马先生说，这类题的变化并不多，要我们各自画一张图，表示出：从0时起，到12时止，两只针各次相重的时间。自然，这只要将前图扩充一下就行了。在我将图（图2-2）画完，仔细玩赏一番后，觉得算学真是一门有趣味的科目。

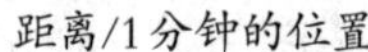

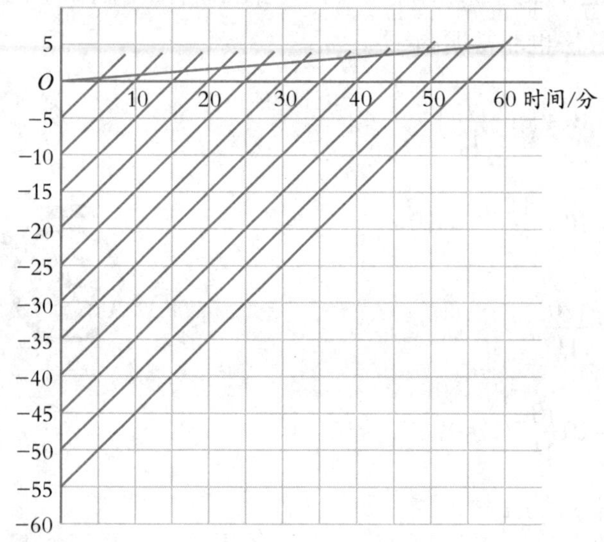

图 2-2

马先生提出的第2个例题如下：

例2：时钟的两针在2时和3时之间，什么时候成一个直角？

马先生叫我们大家将这题和前一题比较，提出要点来，我们都只知道一个要点：那就是两针成直角的时候，它们的距离是15分钟的位置。

后来经过马先生的各种提示，又得出第二个要点：在2时和3时之间，两针要成直角，分针得赶上时针同它相重，这是

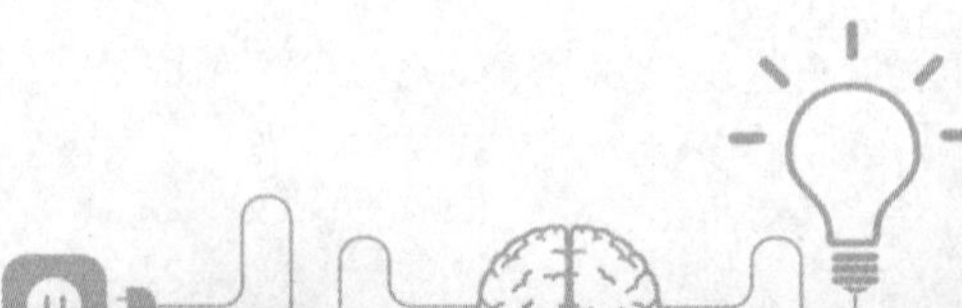

前一题，再超过它15分钟。

这样一来，我们都明白了。作图的方法，只是在例1的图（图2-1）上增加一条和OB平行的线FG，和CD交于H，这便是我们所要的答案了。

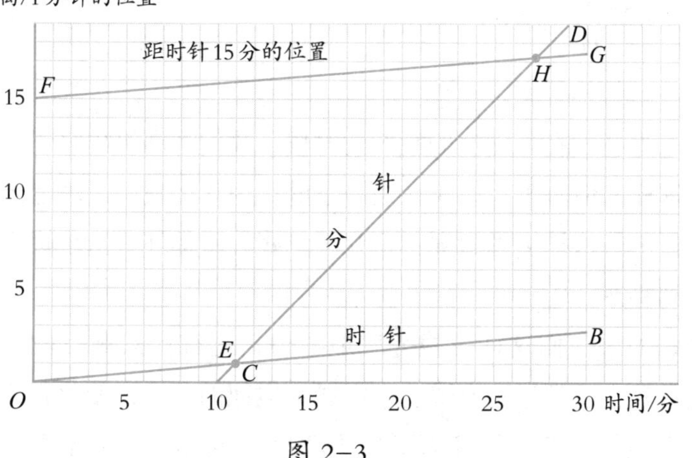

图 2-3

这理由也很清晰明了，FG和OB平行，OF相隔15分钟的距离，所以FG上的各点垂直画线下来和OB相交，则FG和OB间的各线段都是一样长，表示15分钟的位置，所以FG便表示距分针15分钟的位置的线。

至于算法，那更容易明白了。分针先赶上时针10分钟，再超过15分钟，一共自然是分针需要比时针多走（10+15）分钟，所以：

$$(10+15)\div\left(1-\frac{1}{12}\right)$$

$$=25\div\frac{11}{12}$$

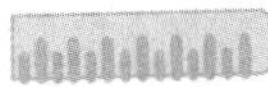
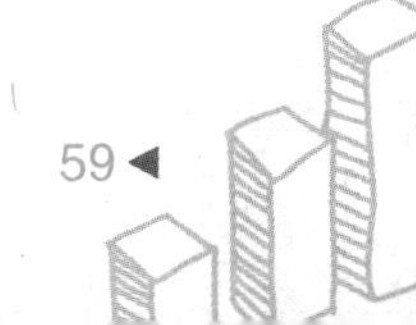

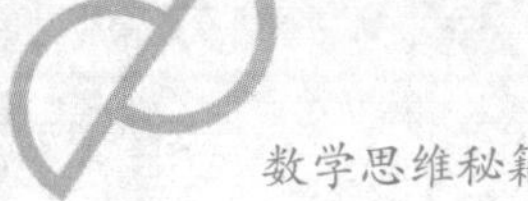

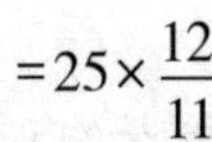

$=25\times\frac{12}{11}$

$=\frac{300}{11}$

$=27\frac{3}{11}$（分），

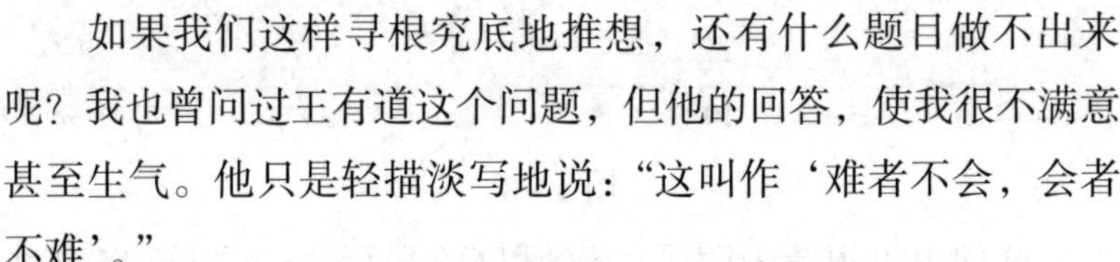

这便是答案。

这些，在马先生问我们的时候，我们都回答出来了。虽然是这样，但对于我，实在是一个谜。为什么我们平时遇到一个题目不能这样去思索呢？这几天，我心里都怀着这个疑问，得不到答案。

如果我们这样寻根究底地推想，还有什么题目做不出来呢？我也曾问过王有道这个问题，但他的回答，使我很不满意甚至生气。他只是轻描淡写地说：“这叫作‘难者不会，会者不难’。”

难道世界上的人生来就有两类：一类是对于算学题目，简直不会思索的“难者”；一类是对于算学题目，不用费心思索就解答出来的“会者”吗？

真是这样，学校里设算学这一科目，对于前者，便是白费力气；对于后者，便是多此一举！这和马先生的议论也未免矛盾了！怀着这疑问，有好几天了！

从前，我也是用性质相近、不相近来解释的，而我自己，当然自居于性质不相近之列。但马先生对于这种说法持否定态度，我虽不敢成为否定论者，至少也是怀疑论者了。怀疑！怀疑！怀疑只是过程！最后总应当有个不容怀疑的结论呀！这结

论是什么?

我想马先生一定可以给我们一个确切的回答。我怀着这样的期望，屡次想将这个问题提出来，静候他的回答，但是都因为缺乏勇气，最终不敢提出。

今天，我终于忍不住了。题目的解法，一经道破，真是“会者不难”，为什么别人会这样想，我们不能呢?

我斗胆地问马先生:“为什么别人会这样想,我们却不能呢?”

马先生笑容满面地说:“好！你这个问题很有意思！现在我来跑一次野马。”马先生跑野马！真是惹得大家哄堂大笑！

“你们知道小孩子走路吗?”这话问得太不着边际了，大家只好沉默不语。

他接着说:“小孩子不是一生下来就会走路的，他先是自己不能移动，随后再练习站起来走路。一般小孩2岁会无所倚傍地直立步行了。

“但是，你们要知道，直立步行是人类的一大特点。现在的小孩子能够走得这么早，一半是遗传的因素，而一半却是因为有一个学习的环境，一切他所见到的别人的动作，都是他模仿的样品。

“一切文化的进展，正和小孩子学步一样。一种题目的解决，就是一个发明。发明这件事，说它难，它真难，一定要发明点什么，这是谁也没有把握能够做到的。

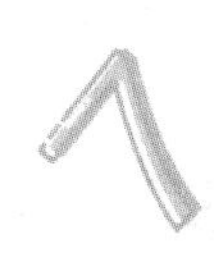

“但是，说它不难，真也不难！有一定的学习能力和一定的环境，持续不断地努力，总不至于一无所成。

“学算学，以及学别的功课都是一样，一方面先弄清楚别人已经发明了的，并且注意他们研究的经过和方法。另一方面

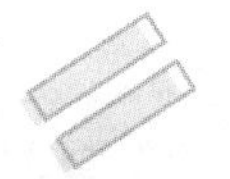

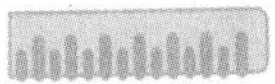

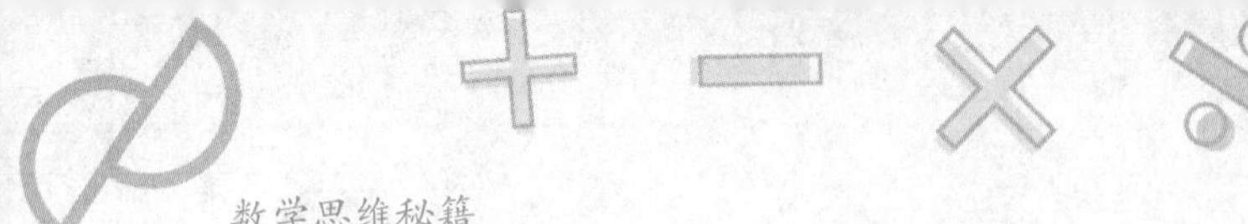

应用这种态度和方法去解决自己所遇到的新问题。

“广泛地说，你们学了一些题目的解法，自然也就学会了解别的问题，这也是一种发明，不过这种发明是别人早就得出来的罢了。

“总之，学别人的算法是一件事，学思索这种算法的方法，又是一件事，而后一种更加重要。”

对于马先生的议论，我还是持怀疑态度，总有些人比较会思索。但是，马先生却说，不可以忘记一切的发展都是历史的产物，都是许多人智慧的结晶。

他的意思是说“会想”并不是凭空会的，要我们去努力学习。这话，虽然我还不免怀疑，但努力学习总是应该的，我的疑问只好暂时放下了。

马先生发表完议论，就转到本题上：“现在你们自己去研究在各小时以后两针成直角的时间，你们要注意，有几小时内是可以有两次成直角的时间。”

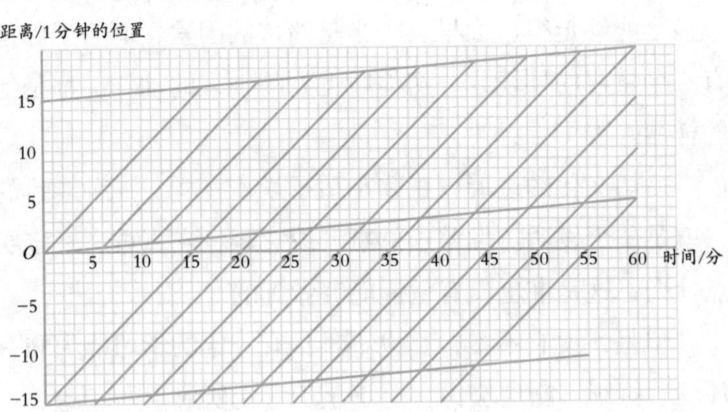

图 2−4

课后，我们聚集在一起研究，便画成了图 2-4。我们将一只表从正午 12 时再旋转到正午 12 时来观察，简直是不差分毫。我感到非常愉快，同时也觉得算学真是一个活生生的科目。

关于时钟两针的问题，一般的书上，还有“两针成一直线”的情形。马先生说，这再也没有什么难处，要我们自己去“发明”，其实参照前两个例题，真的一点也不难啊！

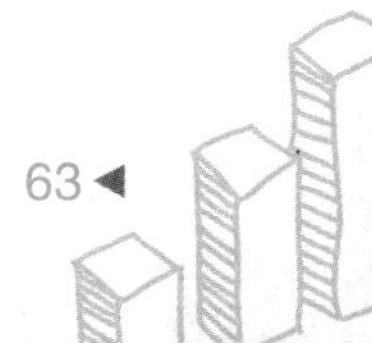

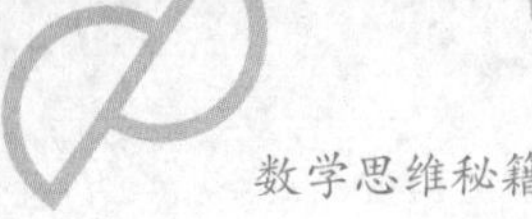

基本公式与例解

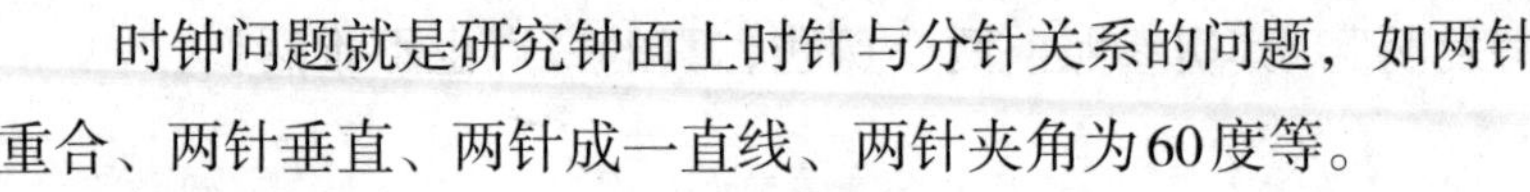

时钟问题就是研究钟面上时针与分针关系的问题，如两针重合、两针垂直、两针成一直线、两针夹角为60度等。

时钟问题可与追及问题相类比。

1. 数量关系

分针的速度是时针的12倍，二者的速度差为$\frac{11}{12}$。

钟表的分针每小时走60个小格，而时针每小时只走5个小格；分针每分钟走1个小格，而时针每分钟只走$\frac{5}{60}$个小格，即$\frac{1}{12}$个小格。

每分钟分针比时钟多走$1-\frac{1}{12}=\frac{11}{12}$个小格。

时钟问题的每个公式都与$\frac{11}{12}$有关，$\frac{11}{12}$个小格是两针在1分钟内所走的路程差。

根据两针不同的间隔要求，用除法就可以求出题中所要求的时间。

通常按追及问题来对待，也可以按差倍问题来计算。

2. 基本公式

（1）求两针成直线所需要的时间

两针成直线所需要的分钟数=（原来两针间隔的格数 ±30）÷ $\left(1-\frac{1}{12}\right)$

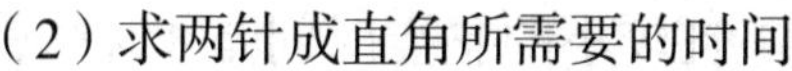

（2）求两针成直角所需要的时间

两针成直角所需要的分钟数=（原来两针间隔的格数 ± 15）÷$\left(1-\frac{1}{12}\right)$，或两针成直角所需要的分钟数=（原来两针间隔的格数 ± 45）÷$\left(1-\frac{1}{12}\right)$。

（3）求两针重合所需要的时间

两针重合所需要的时间=原来两针间隔的格数÷$\left(1-\frac{1}{12}\right)$

求出所需要的时间后，再加上原来的时刻，就得出两针形成各种不同位置的时刻。

时钟问题经常围绕着两针重合、垂直、成直线、成多少度等角度提出问题，因为时针与分针的速度不同，并且都沿顺时针方向转动，所以经常将时钟问题转化为追及问题来求解。

3. 问题类型

（1）追及问题

这类题一般会找相邻且较小的整点时间，利用路程差=速度差×时间来解题。

例：8点28分，时钟的分针和时针的夹角（小于180度）是多少度?

分析：在表盘上，有12个大格，12×5=60个小格，那么一个大格是$\frac{360}{12}$=30度，一个小格是6度。

又因为分针一分钟走一小格，它的速度是6度/分；时针一小时走一大格，他的速度是30度/时，换算一下：

$\frac{30}{60}$=0.5（度/分）。

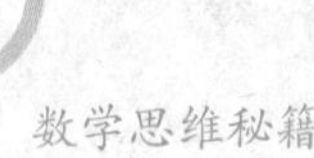
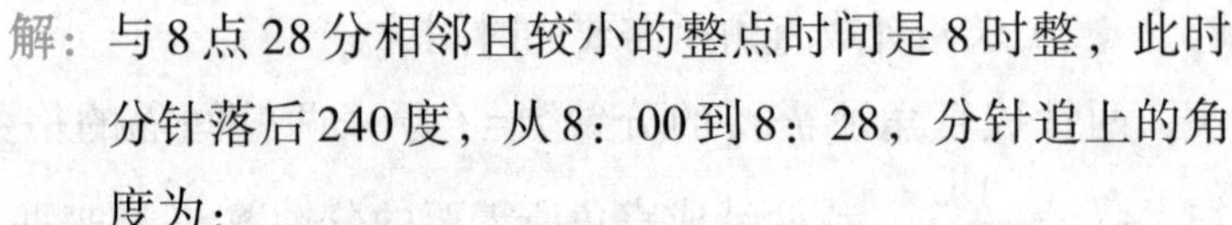

解：与8点28分相邻且较小的整点时间是8时整，此时分针落后240度，从8：00到8：28，分针追上的角度为：

（6-0.5）×28=154（度）。

所以，目前所成角度为：

240-154=86（度）。

答：时钟的分针和时针的夹角为86度。

（2）相遇问题

这类题一般会出现与某个时间点角度相等或者出现1小时后时针和分针交换位置两种情况。

例：一部动画片放映的时间不足1小时，小明发现结束时手表上时针、分针的位置正好与开始时时针、分针的位置进行了交换。这部动画片大约放映了多少分钟？

分析：手表上时针、分针的位置正好与开始时时针、分针的位置进行了交换，即时针和分针共走了360度，分针一分钟走6度，时针一分钟走0.5度，分针和时针一分钟走6.5度，所以这部动画片放映了$\frac{360}{6.5}=\frac{720}{13}$，约等于55分钟。

解：时针每分钟走的度数为：

360÷60×5÷60

=60×5÷60

=0.5（度）。

分针每分钟走的度数为：

360÷60=6（度）。

手表上时针、分针的位置与开始时分针与时针的位置

交换，则走的时间为：

360÷（0.5+6）

=360÷6.5

≈55（分）。

答：这部动画片大约放映了55分钟。

（3）快慢钟问题

要把时钟问题当作行程问题来看，掌握分针快、时针慢的规律，利用坏钟经过的时间与标准时间之比不变来求解。

例：一个时钟每小时慢3分钟，照这样计算，早上5时校准标准时间后，当深夜这个时钟指向12时的时候，标准时间是几时几分？

分析：先设想有一个标准钟。那么，慢钟与标准钟的速度比就是57∶60=19∶20。两个钟所显示的时间变化量，与他们的速度成正比，所以，慢钟共走了24－5=19（时），故标准钟走了19×60÷57=20（时）。20小时，时刻是次日1时。

解：（12+12－5）÷（60－3）×60

=19÷57×60

=20（时），

5+20=25（时），

25－24=1（时）。

答：标准时间是次日1时。

对于时钟问题，一定要理解“将它转化为行程问题”的原理。通过题目的表述先确定它是以上三种中的哪一种，然后应用相应的解题方法，分别考虑时针与分针的转动情况。

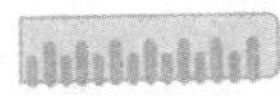

应用习题与解析

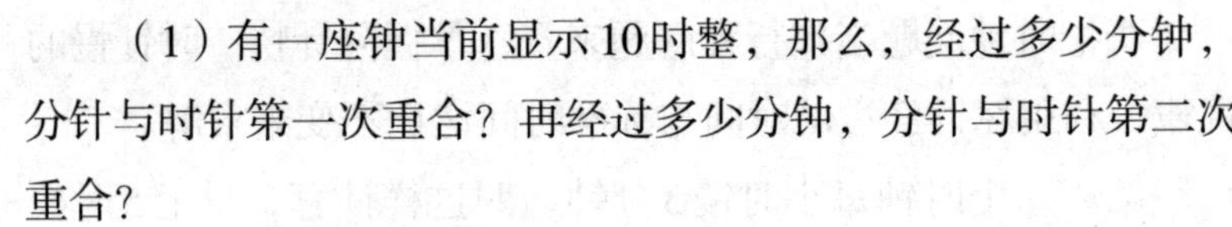

1. 追及与相遇练习题

（1）有一座钟当前显示10时整，那么，经过多少分钟，分针与时针第一次重合？再经过多少分钟，分针与时针第二次重合？

考点：追及与相遇问题。

分析：分针每小时走12大格，时针走1大格，分针每小时比时针多走12－1＝11大格，每分钟多走$\frac{11}{60}$大格。

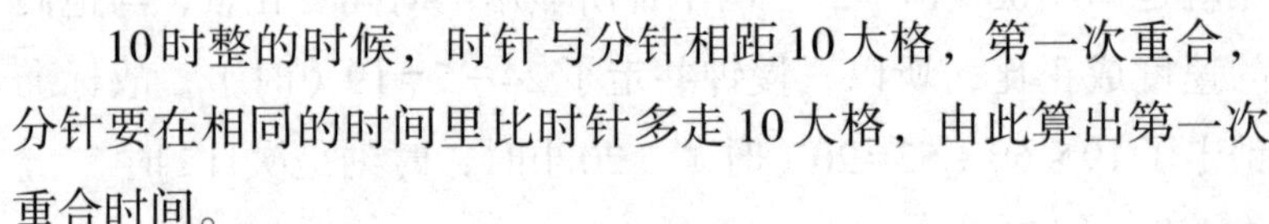

10时整的时候，时针与分针相距10大格，第一次重合，分针要在相同的时间里比时针多走10大格，由此算出第一次重合时间。

解：分针与时针第一次重合时间：

$10\div\frac{11}{60}=54\frac{6}{11}$（分）。

第二次重合，分针要比时针多走12大格，

所用时间是：$12\div\frac{11}{60}=65\frac{5}{11}$（分）。

答：经过$54\frac{6}{11}$分钟，第一次重合；再经过$65\frac{5}{11}$分钟，第二次重合。

（2）在一段时间里，时针、分针、秒针转动的圈数之和

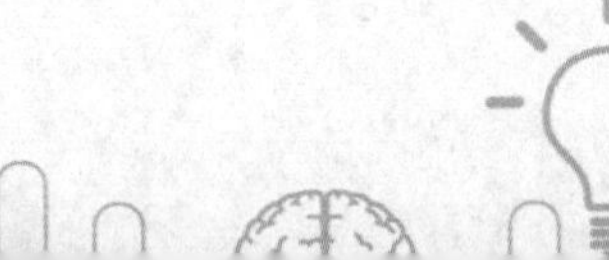

恰好是1466圈，那么这段时间有多少秒？

考点：追及与相遇问题。

分析：用时针、分针、秒针的速度比1∶12∶720解题。

解：秒针转了$1466\div(720+12+1)\times720=1440$（圈），

$1440\times60=86400$（秒）。

答：这段时间有86400秒。

（3）某人下午6时多外出买东西，出门时看手表，发现手表的时针和分针的夹角为110°，7时前回到家时又看手表，发现时针和分针的夹角仍是110°。此人外出共用了多少分钟？

考点：追及与相遇问题。

分析：如图2.2-1所示，出门时分针在时针后面，追及时针，后来追至时针前边的位置。于是，分针比时针多走了$110°+110°=220°$，对应$\frac{220}{6}$个小格。

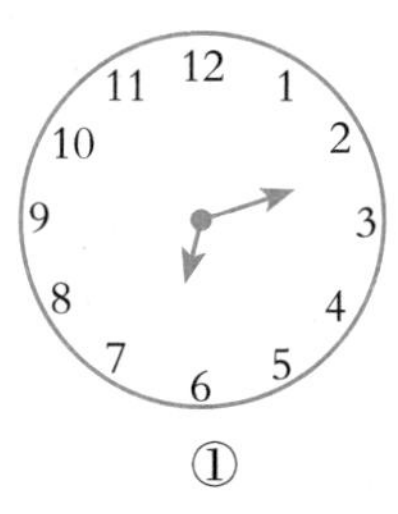

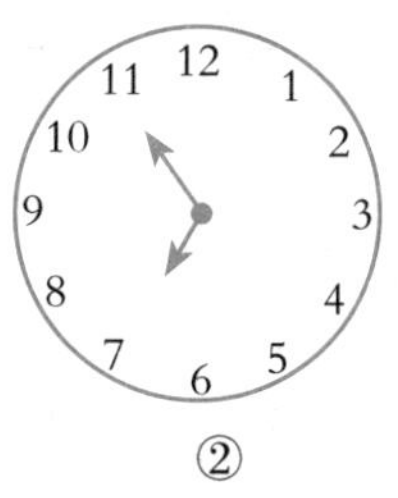

图 2.2-1

解：所需时间为$\frac{220}{6}\div\left(1-\frac{1}{12}\right)=40$（分）。

答：此人外出共用了40分钟。

（4）2时以后，什么时刻分针与时针第一次成直角？

考点：追及与相遇问题。

分析：先算出时针和分针的速度，分别为0.5度/分和6度/分。根据题意可知，2时，时针与分针成60度，第一次垂直需要90度，即分针追了90+60=150（度）。

解：（90+60）÷（6−0.5）

=150÷5.5

$=27\frac{3}{11}$（分）。

答：2点$27\frac{3}{11}$分时分针与时针第一次成直角。

（5）8时到9时之间，时针和分针在“8”的两边，并且“8”到两针所在的射线的距离相等。这时是8时多少分？

考点：追及与相遇问题。

分析：8时整的时候，时针较分针顺时针方向多5×8=40个小格子，设在满足题意时，时针走过x个小格，那么分针走过（$40-x$）个小格，所以时针、分针共走过$x+(40-x)=40$个小格。

解：所需时间为：

$$40\div\left(1+\frac{1}{12}\right)=36\frac{12}{13}\text{（分）。}$$

答：这时是8时$36\frac{12}{13}$分。

（6）3时过多少分时，时针和分针离“3”的距离相等，并且在“3”的两边？

考点：追及与相遇问题。

分析：假设3时以后，时针以相反的方向行走，时针和分

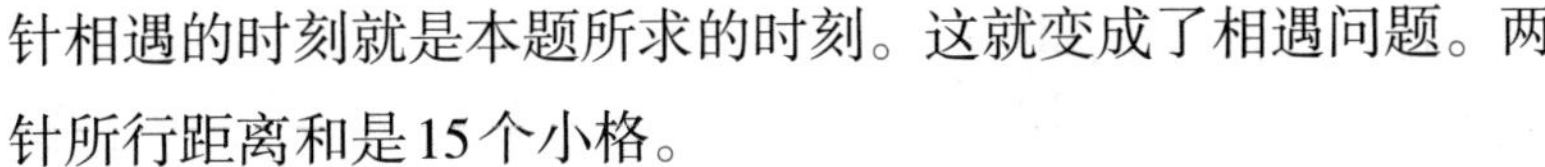

针相遇的时刻就是本题所求的时刻。这就变成了相遇问题。两针所行距离和是15个小格。

解：分针速度为1小格/分，时钟速度为$\frac{1}{12}$小格/分。

列成算式是：

$15\div\left(1+\frac{1}{12}\right)$

$=15\div\frac{13}{12}$

$=15\times\frac{12}{13}$

$=13\frac{11}{13}$（分）。

答：过$13\frac{11}{13}$分，时针和分针离“3”的距离相等，并且在“3”的两边。

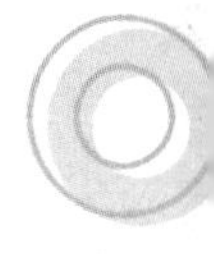

（7）晚上8时刚过，小华开始做作业，一看时钟，时针与分针正好成一条直线。做完作业再看时钟，还不到9时，而且分针与时针恰好重合。小华做作业用了多长时间？

考点：追及与相遇问题。

分析：在钟面上时针每分钟走$5\div60=\frac{1}{12}$个小格，分针每分钟走1个小格。时针与分针正好成一条直线，到分针与时针恰好重合，分针正好追及了30个格。根据追及时间=追及路程÷速度差进行解答。

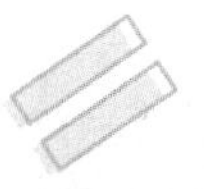

解：$30\div\left(1-\frac{1}{12}\right)$,

$=30\div\frac{11}{12}$,

$=32\frac{8}{11}$（分）。

答：小华做作业用了$32\frac{8}{11}$分钟。

（8）上午9时多，当钟表的时针和分针重合时，钟表表示的时间是9时几分?

考点：追及与相遇问题。

分析：本题只研究钟表的时针和分针重合即可。一分钟分针转6度，时针转0.5度。上午9时整分针与时针夹角是90°，或者说分针落后于时针270度，当分针追上时针时就是时针和分针重合时。

解：设从9时整经过x分钟，时针和分针重合。

$6x-0.5x=270$,

$x=49\frac{1}{11}$。

答：钟表表示的时间是9时$49\frac{1}{11}$分。

（9）小红上午8时多开始做作业时，时针与分针正好重合在一起。10时多做完时，时针与分针正好又重合在一起。小红做作业用了多长时间?

考点：追及与相遇问题。

分析：时针每分钟走0.5度，分针每分钟走6度。

解：设开始做作业时为8时x分，则分针超过数“12”的

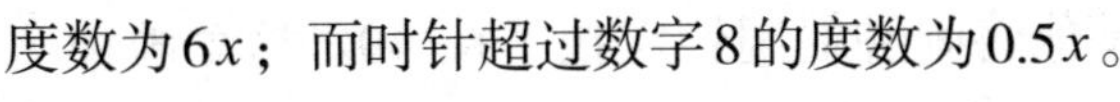

度数为$6x$；而时针超过数字8的度数为$0.5x$。

$6x-0.5x=30\times8$，

$x=43\frac{7}{11}$。

即小红晚上做作业时为8时$43\frac{7}{11}$分。

同理可求得做完作业时为10时$54\frac{6}{11}$分。

小红做作业用的时间：

10时$54\frac{6}{11}$分$-$8时$43\frac{7}{11}$分$=130\frac{10}{11}$（分）。

答：小红做作业用了$130\frac{10}{11}$分钟。

2. 时钟快慢练习题

（1）钟敏家有一个闹钟，每小时比标准时间快2分。星期天上午9时整，钟敏校准了闹钟，然后定上闹铃，想让闹钟在11时半响铃，提醒她帮助妈妈做饭。钟敏应当将闹钟的闹铃定在几时几分？

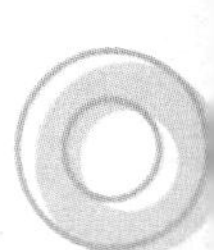

考点：时钟快慢问题。

分析：9时到11时半是2.5小时，因为闹钟每小时比标准时间快2分，在这个时间段里他家的闹钟快了$2\times2.5=5$分。

解：闹钟的闹铃应当定在：

11：30+0：05=11：35。

答：钟敏应当将闹钟的闹铃定在11时35分。

（2）小翔家有一个闹钟，每小时比标准时间慢2分。有一天晚上9时整，小翔校准了闹钟，他想第二天早晨6：40起

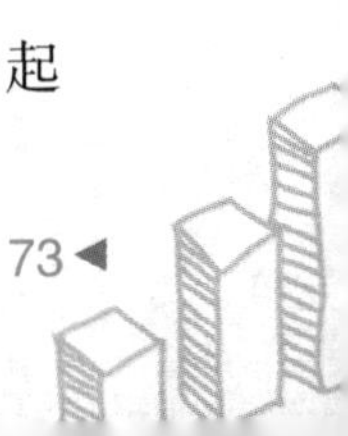

床，于是他将闹钟的闹铃定在了6:40。这个闹钟响铃的时间是标准时间的几时几分?

考点：时钟快慢问题。

分析：由题意可知，闹钟走58分相当于标准时间60分，所以闹钟走1分相当于标准时间$60\div58=\frac{30}{29}$（分）。从晚上9时到第二天早晨6时40分，共580分，闹钟走580分相当于标准时间的$580\times\frac{30}{29}=600$（分），响铃时是标准时间的7时整。

解：闹钟速度：标准钟速度=58：60=29：30，

闹钟走1分钟，标准钟走$\frac{30}{29}$分钟。

晚上9时到第二天早晨6时40分，

闹钟走了580分钟，标准钟可以走：

$580\times\frac{30}{29}=600$（分），

则对应标准时间的6时40分+20分=7时。

答：这个闹钟响铃的时间是标准时间的7时。

（3）有一个时钟每小时快20秒，它在3月1日中午12时准确，下一次准确的时间是什么时间?

考点：时钟快慢问题。

分析：时钟与标准时间的速度差是20秒/时，因为经过12小时，时钟的指针回到起始的位置。

解：闹钟到下一次准确的时间时，时钟走了

$12\times3600\div20=2160$（时），即90天，

所以，下一次准确的时间是5月30日中午12时。

答：下一次准确的时间是5月30日中午12时。

（4）小明家有两个旧挂钟，一个每天快20分，另一个每天慢30分。现在将这两个旧挂钟同时调到标准时间，它们至少要经过多少天才能再次同时显示标准时间？

考点：时钟快慢问题。

分析：快的挂钟与标准时间的速度差是20分/天，慢的挂钟与标准时间的速度差是30分/天，先求出快、慢挂钟分别标准一次需要的天数，然后再用求最小公倍数的方法求出同时显示标准时间的天数。

解：慢的每标准一次需要：

$24\times60\div30=48$（天）；

快的每标准一次需要：

$24\times60\div20=72$（天）。

由于48与72的最小公倍数是144，所以它们至少要经过144天才能再次同时显示标准时间。

答：它们至少要经过144天才能再次同时显示标准时间。

（5）某科学家设计了一个怪钟，这个怪钟每昼夜10小时，每小时100分钟（如图2.2-2所示）。当这个钟显示5时整，实际上是中午12时；当这个钟显示6时75分时，实际上是什么时间？

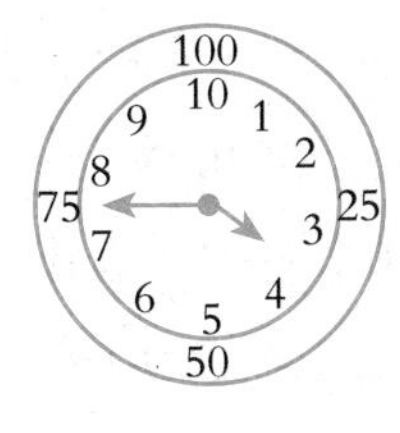

图 2.2-2

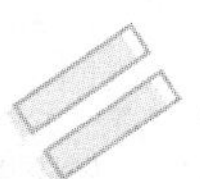

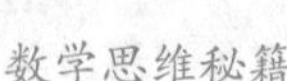

考点：时钟快慢问题。

分析：标准钟一昼夜是 $24\times60=1440$（分），怪钟一昼夜是 $100\times10=1000$（分），因此怪钟的1分钟相当于正常钟的 $1440\div1000=1.44$（分）。怪钟从5时到6时75分，共计 $100\times1+75=175$（分），相当于正常钟 $175\times1.44=252$（分），从而可进一步求得答案。

解：标准钟一昼夜有：

$24\times60=1440$（分）；

怪钟一昼夜有：

$100\times10=1000$（分）。

$1440\div1000=1.44$。

怪钟从5时到6时75分，相当于正常钟走了（$100\times1+75$）$\times1.44=252$（分），即4小时12分。

又因为怪钟5时实际上是中午12时，所以当怪钟显示6时75分时，实际时间是16时12分。

答：当这个钟显示6时75分时，实际时间是16时12分。

（6）手表比闹钟每小时快60秒，闹钟比标准时间每小时慢60秒。8时整将手表校准，12时整手表显示的时间是几时几分几秒？

考点：时钟快慢问题。

分析：按题意，闹钟走3600秒手表走3660秒，而在标准时间的1小时中，闹钟走了3540秒。

解：在标准时间的1小时中手表走：

$3660\div3600\times3540=3599$（秒），

即手表每小时慢：

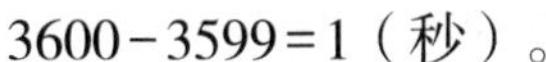

3600－3599＝1（秒）。

因此8时到12时手表慢：

12－8＝4（秒）。

所以12时整手表显示的时间为：

12时－4秒＝11时59分56秒。

答：12时整手表显示的时间为11时59分56秒。

（7）某人有一块手表和一个闹钟，手表比闹钟每小时快30秒，而闹钟比标准时间每小时慢30秒。这块手表一昼夜比标准时间差多少秒？

考点：时钟快慢问题。

分析：根据题意可知，标准时间1小时为3600秒，闹钟则为3570秒；当闹钟走过3600秒时，手表走过3630秒。

解：当闹钟走过3570秒时，手表走过的时间为：

3570×3630÷3600＝3599.75（秒），

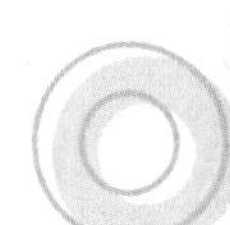

即手表比标准时间每小时慢：

3600－3599.75＝0.25（秒）。

一昼夜24小时手表比标准时间差：

0.25×24＝6（秒）。

答：这块手表一昼夜比标准时间差6秒。

（8）高山气象站上白天和夜间的气温相差很大，挂钟受气温的影响走的不正常，每个白天（清晨至傍晚）快30秒，每个夜晚慢20秒。如果在10月1日清晨将挂钟校准，那么挂钟最早在什么时间恰好快3分？

考点：时钟快慢问题。

分析：根据题意可知，一昼夜快10秒。

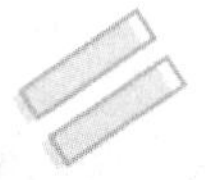

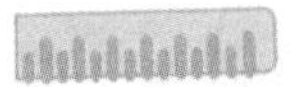

解：由题意知，一昼夜挂钟快：

30－20＝10（秒）；

到第15天清晨快：

15×10＝150（秒）；

因为白天快30秒，

所以到第15天傍晚快150＋30＝180（秒），

即快了3分钟。

答：挂钟最早在10月16日傍晚恰好快3分钟。

（9）一个快钟每小时比标准时间快1分，一个慢钟每小时比标准时间慢3分。将两个钟同时调到标准时间，结果在24小时内，快钟显示9时整时，慢钟恰好显示8时整。此时的标准时间是多少？

考点：时钟快慢问题。

分析：根据题意可知，标准时间过60分钟，快钟走了61分钟，慢钟走了57分钟，即标准时间每60分钟，快钟比慢钟多走4分钟；在24小时内，快钟显示9时整，慢钟恰好显示8时整，两钟相差1小时，即60分。进一步求快钟（或慢钟）比标准时间快（或慢）了多少分钟。

解：60÷4＝15（时），

经过15小时快钟比标准时间快15分钟，

所以现在的标准时间是：

9时－15分＝8时45分。

答：此时的标准时间是8时45分。

（10）小明上午8时要到学校上课，可是家里的闹钟早晨6时10分就停了，他上足发条但忘了对表就急急忙忙上学去

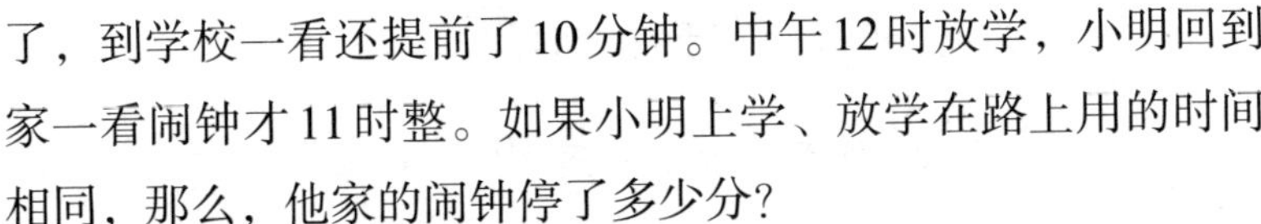

了，到学校一看还提前了10分钟。中午12时放学，小明回到家一看闹钟才11时整。如果小明上学、放学在路上用的时间相同，那么，他家的闹钟停了多少分？

考点：时钟快慢问题。

分析：根据题意可知，小明从家去上学到放学回到家一共经过的时间是290分钟（11时减去6时10分），在校时间为250分钟（8点到12点，再加上提前到的10分钟），所以上下学共经过290－250=40（分），即从家到学校需要20分钟。

解：小明从家出来的时间为：

8：00－10分－20分=7：30；

即他家的闹钟停了：

7：30－6：10=1：20，即80分钟。

答：他家的闹钟停了80分钟。

奥数例题与解析

例1：肖健家有一个闹钟，每小时比标准时间慢半分钟。有一天晚上8时整，肖健校准了闹钟，他想第二天早晨5时55分起床，于是他就将闹钟的铃定在了5时55分。这个闹钟将在标准时间的什么时刻响铃？

分析：因为这个闹钟走得慢，所以响铃时间肯定在5时55分后面。由题意知道，闹钟走$59\frac{1}{2}$分，相当于标准时间的60分，所以闹钟走1分相当于标准时间的$60 \div 59\frac{1}{2}=\frac{120}{119}$（分）。

解：从晚上8时到第二天早上5时55分，共595分，

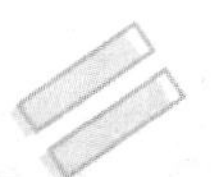

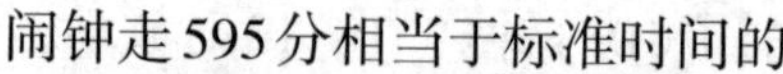

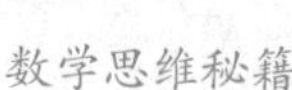

闹钟走595分相当于标准时间的

$595\times\frac{120}{119}=600$（分），即10小时。

$8+12+10-24=6$（时）。

答：响铃时是标准时间的6时整。

例2：爷爷的老式时钟的时针与分针每66分钟（标准时间）重合一次。如果早晨8时将钟校准，到第二天早晨时针再次指向8时，实际上是几时几分？

分析：时针与分针两次重合的时间间隔为$60\div\left(1-\frac{1}{12}\right)=65\frac{5}{11}$（分），所以，老式时钟每重合一次就比标准时间慢$66-65\frac{5}{11}=\frac{6}{11}$（分）。时钟24时重合多少次呢？我们观察从12时开始的24小时。分针转24圈，时针转2圈，分针比时针多转22圈，即22次追上时针，也就是说24小时正好重合22次。

解：$66-60\div\left(1-\frac{1}{12}\right)=\frac{6}{11}$（分），

24小时共慢$\frac{6}{11}\times22=12$（分），

即所求时刻是8时12分。

答：实际上是8时12分。

例3：现在是2时，什么时刻时针与分针第一次重合？

分析：如图2.3–1所示，2时分针指向12，时针指向2，分针在时针后面$5\times2=10$（格）。因为时针速度是分针的$\frac{1}{12}$，所以分针走1格，时针走$\frac{1}{12}$格，分针比时针多走

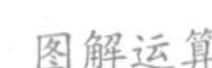

$1-\frac{1}{12}=\frac{11}{12}$（格）。分针比时针多走10格，需走$10\div\frac{11}{12}=10\times\frac{11}{12}=10\frac{10}{11}$。

图 2.3−1

解：$5\times2\div\left(1-\frac{1}{12}\right)=10\frac{10}{11}$（分）。

答：2时$10\frac{10}{11}$分时，时针与分针第一次重合。

例4：在7时与8时之间，时针与分针在什么时刻相互垂直？

分析：7时分针指向12，时针指向7（见图2.3−2①），分针在时针后面$5\times7=35$（格）。时针与分针垂直，即时针与分针相差15格，在7时与8时之间，有图2.3−2②③所示的的两种情况。

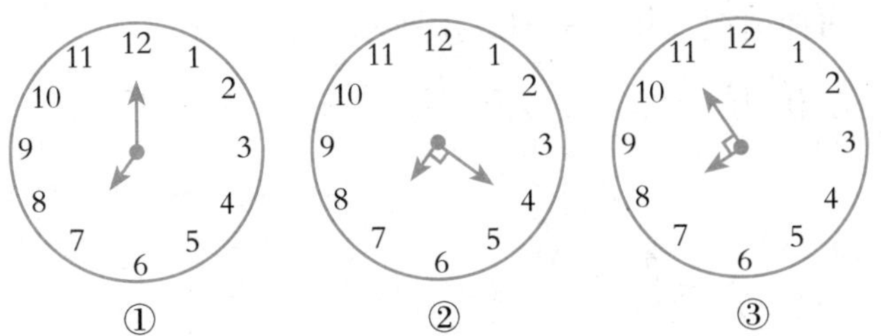

图 2.3−2

解：（1）顺时针方向看，分针在时针后面15格。

从7时开始，分针要比时针多走$35-15=20$（格），

需$20\div\left(1-\frac{1}{12}\right)=21\frac{9}{11}$（分）。

此时是7时$21\frac{9}{11}$分。

（2）顺时针方向看，分针在时针前面15格。

从7时开始，分针要比时针多走$35+15=50$（格），

需$50\div\left(1-\frac{1}{12}\right)=54\frac{6}{11}$（分）。

此时是7时$54\frac{6}{11}$分。

答：时针与分针在7时$21\frac{9}{11}$分或7时$54\frac{6}{11}$分时相互垂直。

例5：在3时与4时之间，时针与分针在什么时刻位于一条直线上？

分析：3时分针指向12，时针指向3（图2.3-3①所示），分针在时针后面$5\times3=15$（格）。如果想时针与分针要在一条直线上，那么具有时针与分针重合、时针与分针成180度角的两种情况（图2.3-3②③所示）。

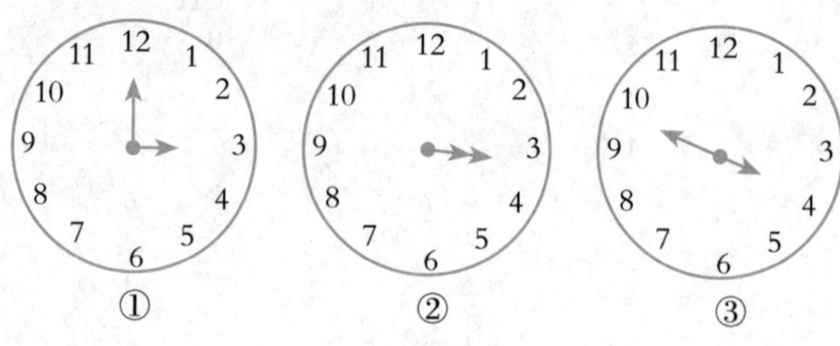

图 2.3-3

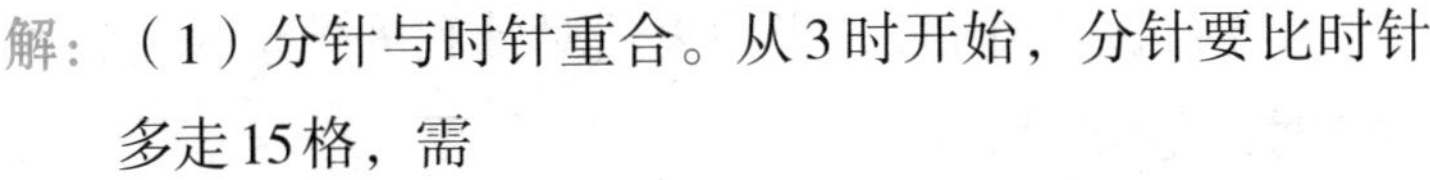

解：（1）分针与时针重合。从3时开始，分针要比时针多走15格，需

$15\div\left(1-\frac{1}{12}\right)=16\frac{4}{11}$（分）。

此时是3时$16\frac{4}{11}$分。

（2）分针与时针成180度角。从3时开始，分针要比时针多走15+30=45（格），需

$45\div\left(1-\frac{1}{12}\right)=49\frac{1}{11}$（分）。

此时是3时$49\frac{1}{11}$分。

答：时针与分针在3时$16\frac{4}{11}$和3时$49\frac{1}{11}$分时位于一条直线上。

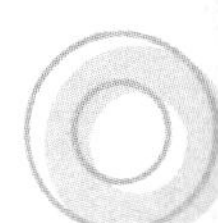

课外练习与答案

1. 基础练习题

（1）8时整，时针与分针的夹角是多少度？

（2）4时10分时，时针与分针的夹角是多少度？

（3）从时针指向4开始，再经过多少分钟，时针正好和分针重合？

（4）8时到9时之间的什么时刻，时针与分针的夹角是60度？

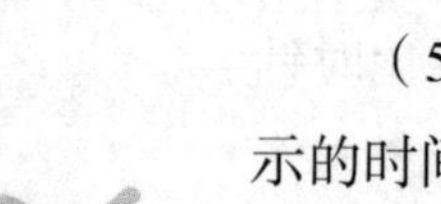

（5）上午9时多，当钟表的时针和分针重合时，钟表表示的时间是9时几分？

（6）现在是10时，再过多长时间，时针与分针将第一次在一条直线上？

（7）一昼夜快3分的时钟，今天下午4时调拨到几时几分，才能于明天上午8时指向正确的时刻？

（8）甲、乙、丙、丁约定中午12时在公园门口集合。见面后，甲说："我提前6分钟到，乙是正点到的。"乙说："我提前4分钟到，丙比我晚到2分钟。"丙说："我提前3分钟到，丁是提前2分钟到的。"丁说：我以为我迟到1分钟，其实我到后1分钟才听到收音机报北京时间12时整。"根据他们的谈话，请你推算，四人的手表各快（或慢）几分钟？实际上他们各是几时到公园门口的？公园门口有个大挂钟走得很准确，他们四人，谁到达公园时，大挂钟的时针与分针所成的角最大？

2. 提高练习题

（1）有一个挂钟，每小时敲一次钟，几点钟就敲几下，钟敲6下，5秒钟敲完，钟敲12下，几秒钟可敲完？

（2）一个钟表的时针和分针每65分钟（标准时间）重合一次，这个钟表的时针每转2圈，钟表比标准时间慢或快几分？

（3）有甲、乙两只钟表，甲钟表比标准时间每9小时快3分，乙钟表比标准时间每7小时慢3分。现在甲钟表为8时15分时，乙钟表为8时31分，至少要经过几小时，两种表的指针指在同一时刻？

（4）某钟表在7月29日零时比标准时间慢4分半，它一

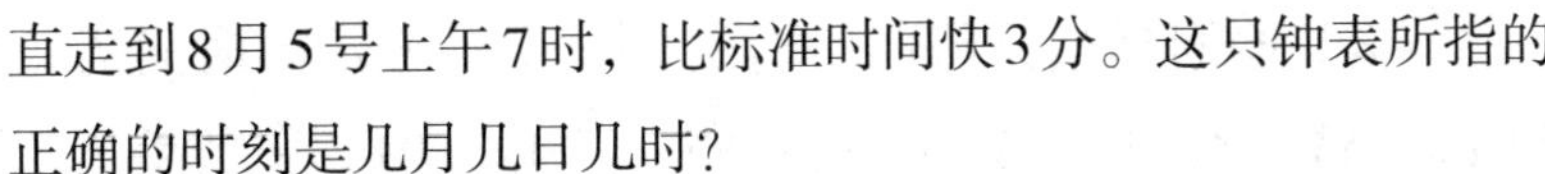

直走到8月5号上午7时，比标准时间快3分。这只钟表所指的正确的时刻是几月几日几时？

3. 经典练习题

（1）3时以后的某一时刻，时针、分针的位置，恰好与6时以后（不超过7时）的某一时刻时针、分钟的位置相互交换。这6时后的某一时刻是多少？

（2）小明下午放学回到家，开始做作业时看见钟面上分针略超过时针，完成作业时发现分针和时针恰好互换了位置。小明做作业用了多少分钟？

答 案

1. 基础练习题

（1）时针与分针的夹角是120度。

（2）时针与分针的夹角是65度。

（3）再经过$\frac{240}{11}$分钟，时针正好和分针重合。

（4）8时$32\frac{8}{11}$分和8时$54\frac{6}{11}$分时针与分针的夹角是60度。

（5）钟表表示的时间是9时$49\frac{1}{11}$分。

（6）再过$\frac{240}{11}$分钟，时针与分针将第一次在一条直线上。

（7）调拨到3时58分，才能于明天上午8时指向正确的时刻。

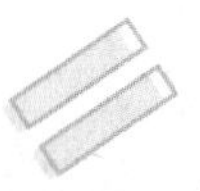

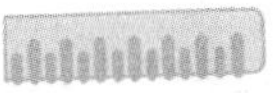

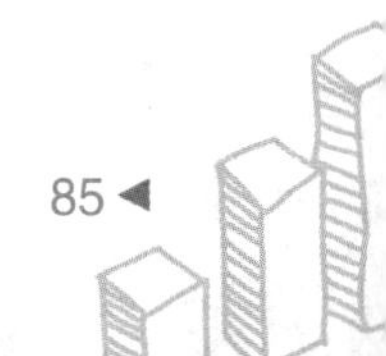

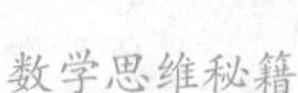

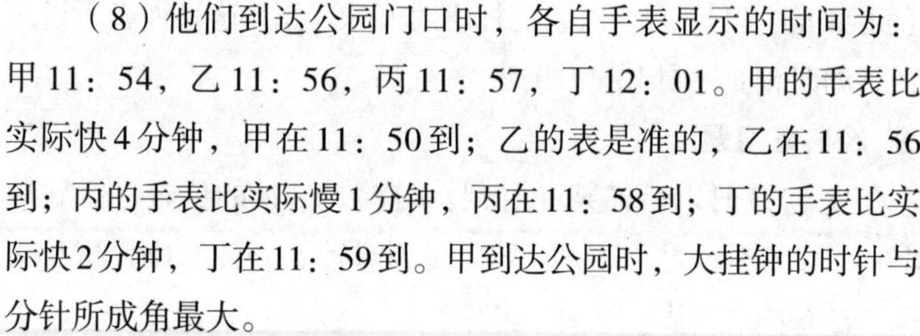

（8）他们到达公园门口时，各自手表显示的时间为：甲11：54，乙11：56，丙11：57，丁12：01。甲的手表比实际快4分钟，甲在11：50到；乙的表是准的，乙在11：56到；丙的手表比实际慢1分钟，丙在11：58到；丁的手表比实际快2分钟，丁在11：59到。甲到达公园时，大挂钟的时针与分针所成角最大。

2. **提高练习题**

（1）11秒钟可敲完。

（2）钟表比标准时间快10分钟。

（3）至少要经过21小时，两种表的指针指在同一时刻。

（4）这只钟表所指的正确的时刻是8月2日上午9时。

3. **经典练习题**

（1）这6时后的某一时刻约是6时$\frac{2520}{143}$分。

（2）小明做作业用了$\frac{720}{13}$分钟。

◆ 年龄变化的关系

“你们会猜谜吗？”马先生出乎意料地提出这么一个问题，大概是因为问题来得太突然，大家都沉默不语了。

“据说从前有个人出了一个谜让人猜，那谜面是一个‘日’字，猜杜甫的一句诗，你们猜是什么句子？”说完，马先生用目光扫视大家。

没有一个人回答。

“无边落木萧萧下。”马先生说。

“怎样解释呢？说来话长，中国在晋以后分成南北朝，南朝最初是宋，宋以后是萧道成所创的齐，齐以后是萧衍所创的梁，梁以后是陳（“陈”的繁体字）霸先所创的陳。

“‘萧萧下’就是说，两朝姓萧的皇帝之后，当然是‘陳’。‘陳’字去了左边是‘東’字，‘東’字去了‘木’字便只剩‘日’字了。

“这样一解释，这个谜语好像真不错，但是出谜的人可以‘妙手偶得之’，而猜的人却只好暗中摸索了。”

这虽然是一个有趣的故事，但是我，也许不只我，始终不明白马先生在讲算学时突然提到它，有什么用意，只能静静地等待他的讲解了。

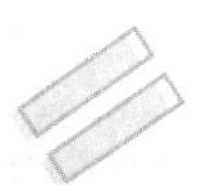

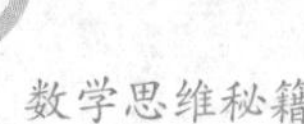

“你们觉得我提出这个故事有点不伦不类吗？其实，一般教科书上的习题，特别是四则应用问题一类，如果没有例题，没有人讲解、指导，对于学习的人，也正和谜面一样，需要你们自己去摸索。

“摸索本来不是正当办法，所以处理一个问题，必须有一定步骤。第一，要理解问题中所包含而没有提出的事实或算理的条件。

“比如这次要讲的年龄的关系的题目，大体可分两种，即每题中或是说到两个以上的人的年龄，要求它们的或从属关系成立的时间，或是说到他们的年龄或从属关系而求得他们的年龄。

“但这类题目包含着两个事实以上的条件，题目上总归不会提到：其一，两人年龄的差是从他们出生起就一定不变的；其二，每多一年或少一年，两人便各长1岁或小1岁。不懂得这个事实，这类的题目便难于摸索了。

“这正如上面所说的谜语，别人难于解答的原因，就在不曾把两个‘萧’，看成萧道成和萧衍。话虽如此，毕竟算学不是猜谜，只要留意题上没有明确提出的，而事实上存在的条件，就不至于暗中摸索了。”

例1：当前，父亲年龄35岁，儿子年龄9岁，问几年后父亲年龄是儿子年龄的3倍？

写好题目，马先生先把表示父子年龄的两条线画出来。在图上，横轴表示年龄，纵轴表示年数。

父亲现在35岁，以后每过1年增加1岁，用AB线表示。儿子现在9岁，以后也是每过1年增加1岁，用CD线表示。

“过5年，父亲年龄是多少？儿子几岁？”

“父亲40岁，儿子14岁。”这是谁都能回答上来的。

“过11年呢？”

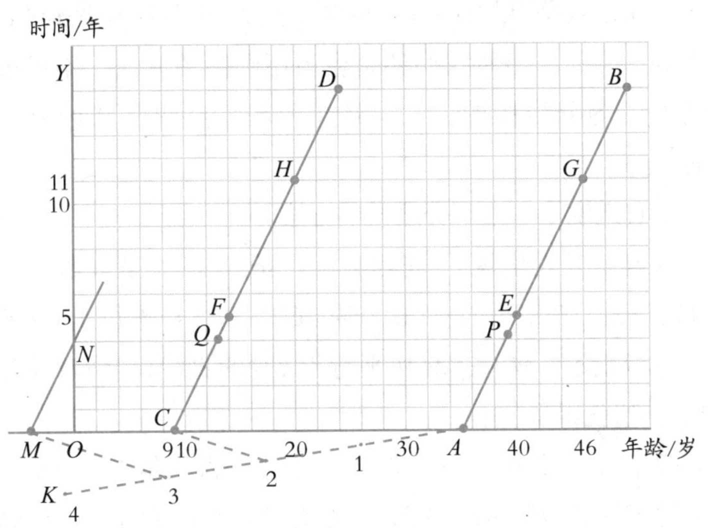

图 3-1

“父亲46岁，儿子20岁。”还是谁都能回答上来的。

“怎样看出来的呢？”马先生问。

“从 OY 线上记有 5 的那点横看到 AB 线得 E 点，再往下看，就得40，这是5年后父亲的年龄。又看到 CD 线得 F 点，再往下看得14，就是5年后儿子的年龄。”我回答。

“从 OY 线上记有 11 的那点横看到 AB 线得 G 点，再往下看，就得46，这是11年后父亲的年龄。又看到 CD 线得 H 点，再往下看得20，就是11年后儿子的年龄。”周学敏抢着，而且故意学着我的语调回答。

“对了！”马先生高叫一句，突然愣住。

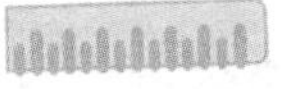
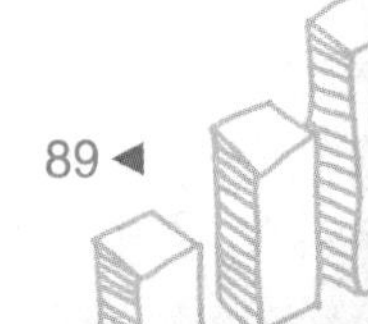

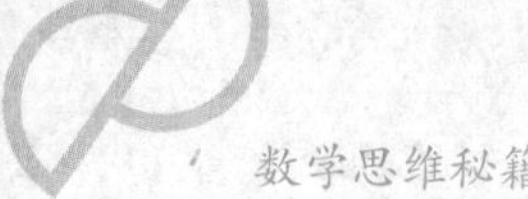

“5E是5F的3倍吗？”马先生问后，大家摇摇头。

“11G是11H的3倍吗？”仍是一阵摇头，不知为什么今天只有周学敏这般高兴，扯长了声音回答：“不——是——”

“现在就是要找在OY上的哪一点到AB的距离是到CD的距离的3倍了。当然我们还是应当用画图的方法，不可硬用眼睛看。等分线段的方法，还记得吗？在讲除法的时候讲过的。”

王有道说了一段等分线段的方法。

接着，马先生说：“先随意画一条线AK，从A起在上面取A1、12、23相等的三段。连接C2，过3作平行于C2的直线，与OA交于M。过M作平行于CD的直线，与OY交于N（4），这就得了。”

四年后，父亲39岁，儿子13岁，二者正是3倍关系，而图上的4P也恰好3倍于4Q，真是奇妙！然而为什么这样画就行了，我却不太明白。

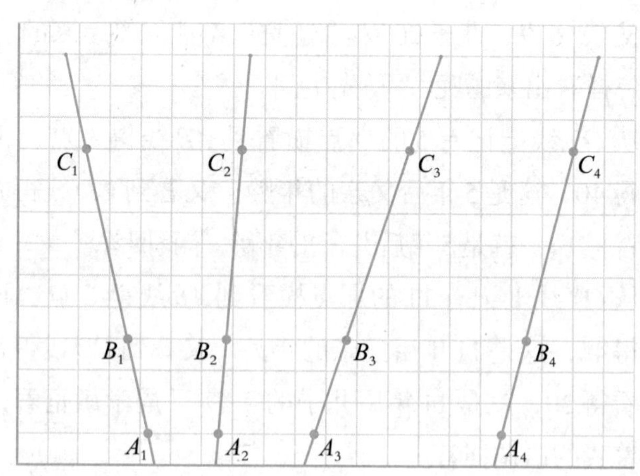

图 3-2

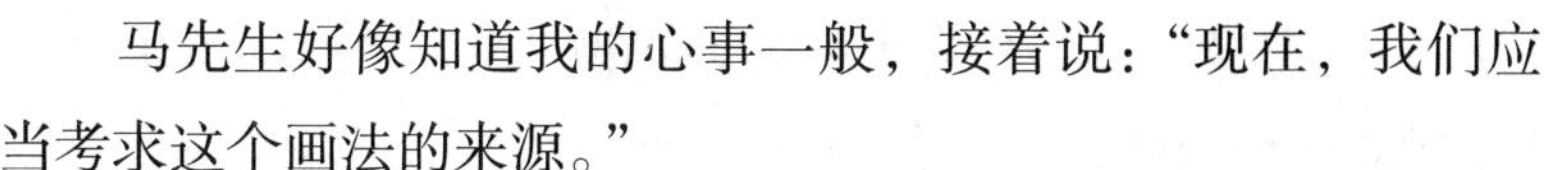

马先生好像知道我的心事一般，接着说："现在，我们应当考求这个画法的来源。"

他随手在黑板上画出图 3-2 所示的图，要我们看了回答 B_1C_1、B_2C_2、B_3C_3、B_4C_4，各对于 A_1B_1、A_2B_2、A_3B_3、A_4B_4 的倍数是否相等。当然，谁也可以看得出来这倍数都是2。

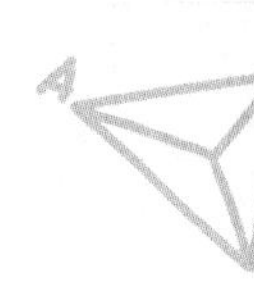

大家回答完以后，马先生说："这就是说，一条线被平行线分成若干段，无论这条线怎样画，这些段数的倍数关系都是相同的。所以 *NP* 对于 *NQ*，和 *MA* 对于 *MC*，也就和 3*A* 对于 32 的倍数关系是一样的。" 这我就明白了。

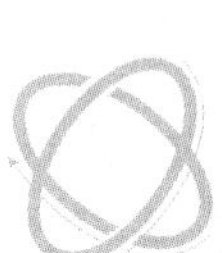

"假如，题上问的是6倍，怎么画？" 马先生问。

"在 *AK* 上取相等的6段，连 *C*5，画 6*M* 平行于 *C*5。" 王有道说。

现在我也明白了，因为无论 *OY* 上的点水平方向上到 *AB* 的距离，是 *OY* 上这点水平方向上到 *CD* 的距离的多少倍，但 *OY* 到 *CD*，总是这距离的1倍，因而总是将 *AK* 上的倒数第二点和 *C* 相连，而过末一点作直线和它平行。

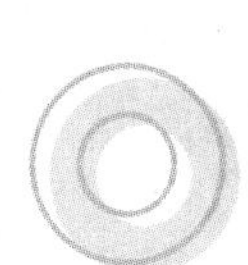

至于这题的算法，马先生叫我们据图（图 3-1）加以探究，我们看出 *CA* 是父子年龄的差，和 *QP*, *FE*, *HG* 全一样。而当 *NP* 是 *NQ* 的3倍时，*MA* 也是 *MC* 的3倍，并且在这地方 *NQ*、*MC* 都是所求的若干年后的儿子的年龄。因此得下面的算法：

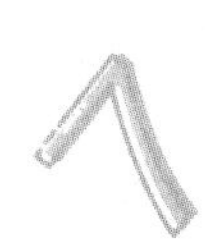

（35 － 9）÷（3 － 1）－ 9 ＝ 4

⋮　⋮　⋮　⋮　⋮　⋮

OA　*OC*　*A*3　32　*OC*　*ON*

⋮　⋮　⋮　⋮　⋮　⋮

（父年－子年）÷（倍数－1）－子年＝年数（所求）

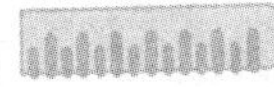

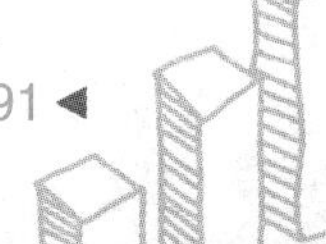

讨论完毕以后，马先生一句话不说，将图3-3画了出来，指定周学敏去解释。

我倒有点幸灾乐祸的心情，因为他学过我的缘故，但事后一想，这实在无聊。他的算学虽不及王有道，这次却讲得很有条理，而且真是简单、明白。下面的一段，就是周学敏讲的，我一字没改，记在这里以表忏悔！

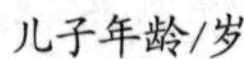

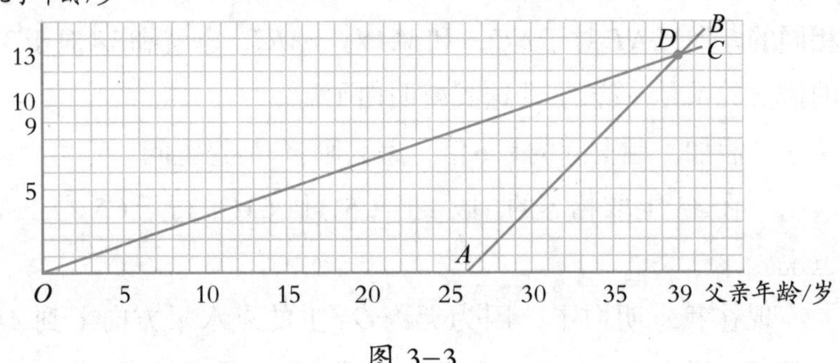

图 3-3

“父亲35岁，儿子9岁，他们相差26岁，就是这个人26岁时儿子出生，所以他26岁时，他的儿子是0岁。以后，每过一年，他大1岁，他的儿子也大1岁。依差一定的表示法，得*AB*线。

“题上要求是父亲年龄3倍于儿子年龄的时间，依照倍数一定的表示法得*OC*线，两线相交于*D*。依交叉原理，*D*点所示的，便是合于题上的条件时，父子各人的年龄：父亲39，儿子13。从35到39和从9到13都是4，就是4年后父亲的年龄正好是儿子年龄的3倍。”

对于周学敏的解说，马先生也非常满意，他评价了一句：“不错！”然后写出下面的例子。

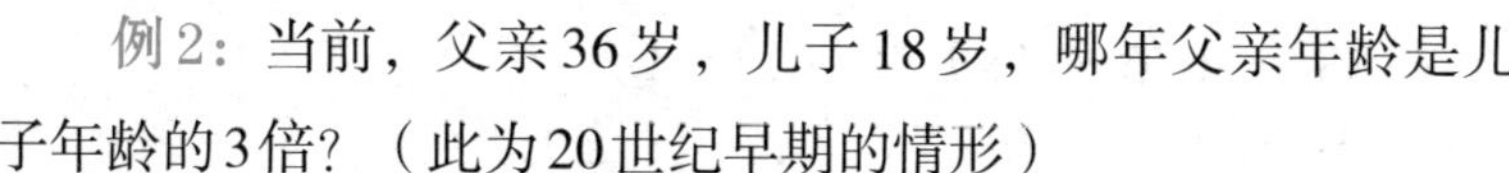

例2：当前，父亲36岁，儿子18岁，哪年父亲年龄是儿子年龄的3倍？（此为20世纪早期的情形）

这题看上去自然和例1完全相同。马先生让我们各自依样画葫芦，但一动手，便碰了钉子，过M所画的和CD平行的线与OY却交在下面−9的地方（图3-4所示）。这是怎么一回事呢？

马先生始终让我们自己去做，一声不吭。后来我从−9的地方横看到AB，再竖看上去，得父亲年龄27岁；而看到CD，再竖看上去，得到儿子年龄9岁，正好是3倍。到此我才领悟过来，这在下面的−9，表示的是9年以前。

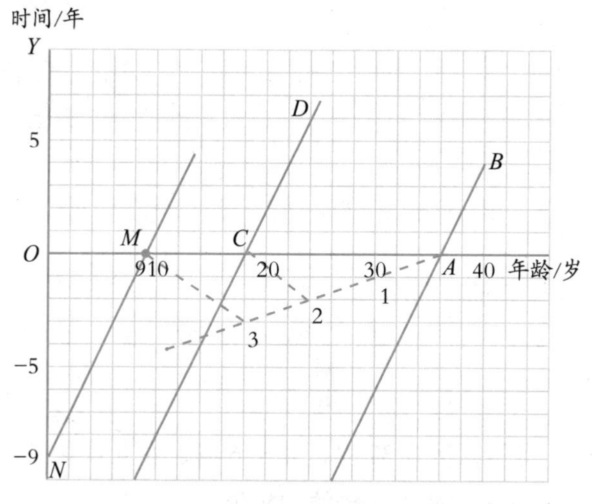

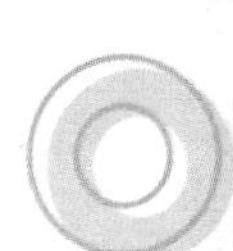

图 3-4

而这个例题完全是马先生有意弄出来的。这么一来，我还知道几年前或几年后，算法完全一样，只是减的时候，被减数和减数不同罢了。本题的计算应当是：

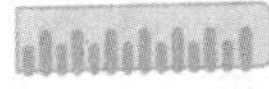

18 －（36 － 18）÷（3 － 1）= 9

⋮　⋮　⋮　⋮　⋮　⋮

OC　*OA*　*OC*　*A*3　32　*ON*

⋮　⋮　⋮　⋮　⋮　⋮

子年 -（父年 - 子年）÷（倍数 - 1）= 年数（所求）

我试用别的解法做，得图3-5，*AB*和*OC*的交点*D*，表明父亲27岁时，儿子9岁，正是3倍，而从36回到27恰好9年，所以本题的解答是9年以前。

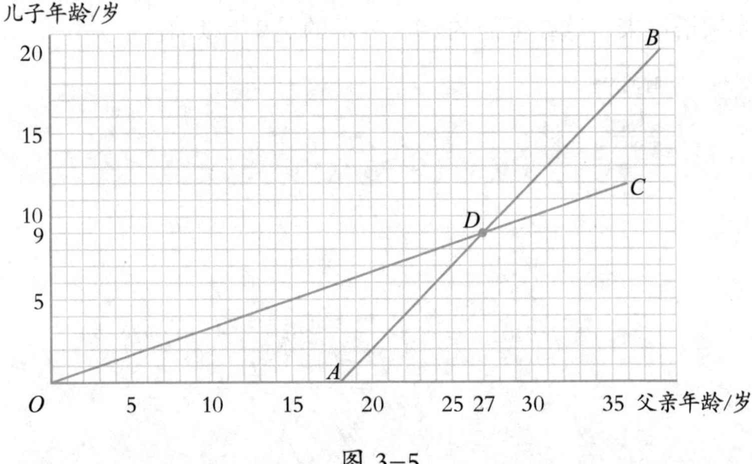

图 3-5

例3：当前，父亲32岁，儿子6岁，女儿4岁，几年后，父亲的年龄与子女两人年龄的和相等?

马先生问我们这个题和前两题的不同之处，这是略一思索就知道的，父亲的年龄每过1年只增加1岁，而子女年龄的和每过1年却增加2岁。所以从现在起，父亲的年龄用*AB*线表示，而子女2人年龄的和用*CD*表示。

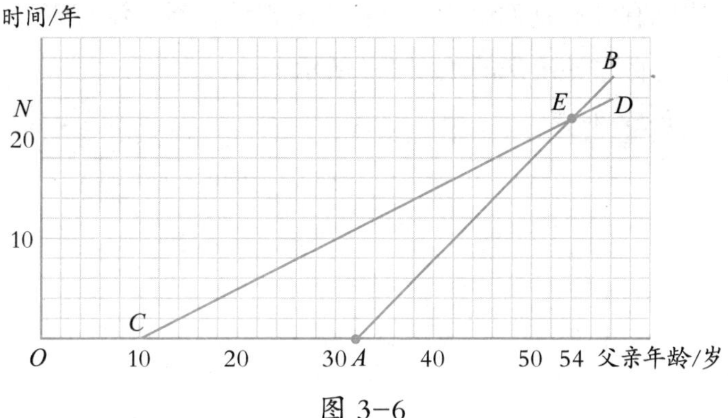

图 3-6

*AB*和*CD*的交点*E*，竖看是54；横看是22。从现在起，22年后，父亲54岁；儿子28岁，女儿26岁，相加也是54岁。

至于本题的算法，图上显示得很清楚。*CA*表示当前父亲年龄同子女2人年龄的差，往后看去，每过1年这差减少1岁，差到了零，便是所求的时间，所以有：

$$[32-(6+4)]\div(2-1)=22$$

[32	− （6	+ 4）]	÷ （2 − 1）	= 22
⋮	⋮		⋮	⋮
OA	*OC*		⋮	*ON*
⋮	⋮		⋮	⋮

[父年−(子年+女年)]÷(子女数−1)=所求的年数

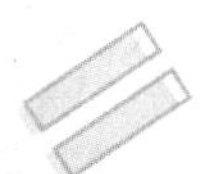

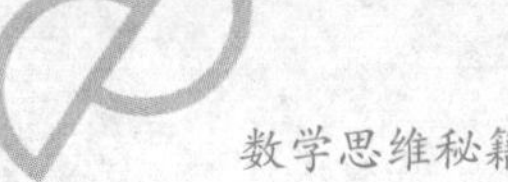

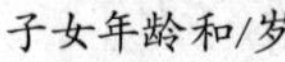

这题有没有别的解法，马先生不曾说，我也没有想过，而是王有道将它补出来的（图3–7所示）。

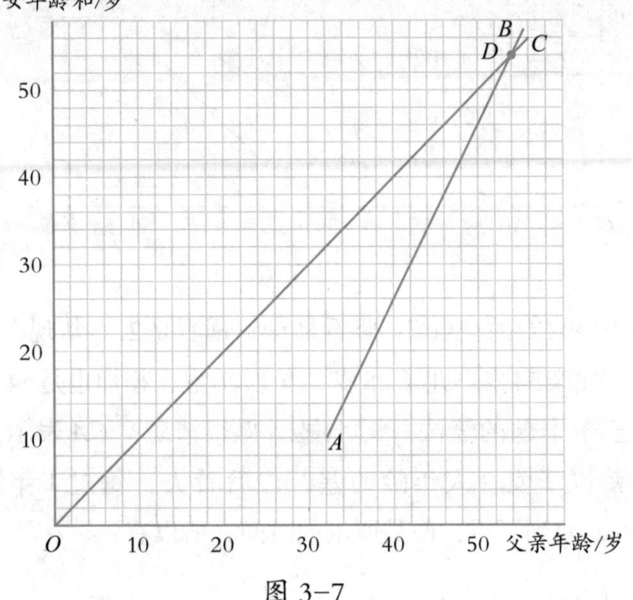

图 3–7

*AB*线表示现在父亲的年龄同子女俩的年龄和，以后一方面逐年增加1岁，而另一方面增加2岁，*OC*表示两方面相等，即1倍的关系。这都容易想出。

只有 *AB* 线的 *A* 不在最末一条横线上，这是王有道的巧思，我只好佩服了。据王有道说，他第一次也把 *A* 点画在32的地方，结果不符。仔细一想，才知道错得十分可笑。

原来那样的画法，是表示父亲32岁时，子女俩年龄的和是0。由此他想到子女俩年龄的和是10，就想到*A*点应当在第五条横线上。虽然如此，我依然佩服！

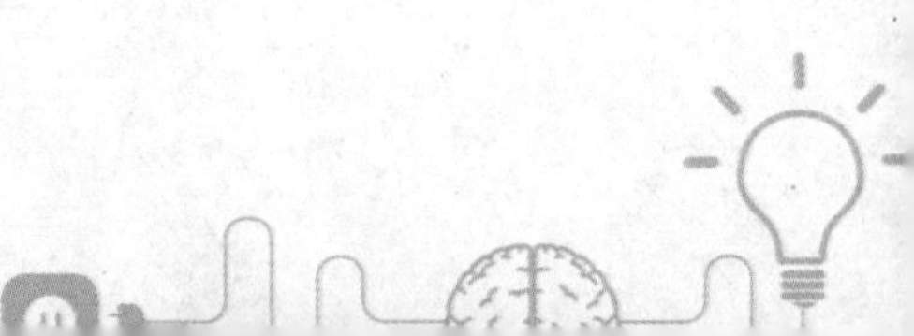

例4：当前，祖父85岁，长孙12岁，次孙3岁，几年后祖父的年龄是两个孙子年龄和的3倍？

这例题是马先生留给我们做的，参照王有道补充前面一题的解法，我也由此得出它的图（图3-8）来了。因为祖父85岁时，两孙年龄共15岁，所以得*A*点。以后祖父加1岁，两孙共加2岁，所以得*AB*线。*OC*是表示一定倍数的。

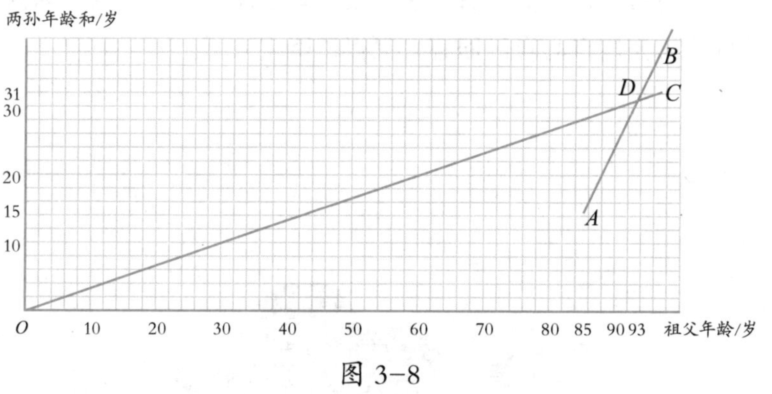

图 3-8

两线的交点*D*，竖看得93，是祖父的年龄；横看得31，是两孙年龄的和。从85到93有8年，所以得知8年后祖父年龄是两孙年龄的3倍。

本题的算法，是我曾经从一本算学教科书上见到的：

$$[85-(12+3)\times3]\div[2\times3-1]=(85-45)\div5=8$$

它的解释是这样：

就当前说，两孙年龄共（12+3）岁，3倍是（12+3）×3，比祖父的年龄还少[85-（12+3）×3]，这差出来的岁数，就需由两孙每年比祖父多加

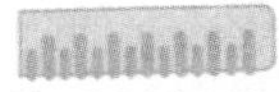

的岁数来填足。

两孙每年共加2岁，就3倍计算，共增加2×3岁，减去祖父增加的1岁，就是每年多加（2×3－1）岁，由此便得上面的计算法。

这种算法能否从图上得出来，以及本题照前几例的第一种方法是否可解，我们没有去想，也不好意思去问马先生，因为这好像应当用点心自己回答，只得留待将来了。

基本公式与例解

年龄问题是数学中常见的问题，年龄问题主要是研究两人或者多人之间的年龄变化和关系的问题。年龄问题主要有以下三类，分别是和差问题、差倍问题、和倍问题。

1. 和差型年龄问题

已知两人年龄的和与差，求两个人的年龄各是多少的应用题，叫和差型年龄问题。

和差型年龄问题解题规律：

（1）解答和差型年龄问题的关键是两人的年龄差是一个不变的量。

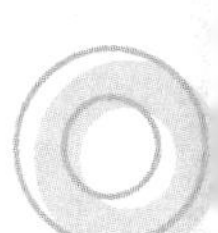

（2）选择适当的数作为标准，设法把若干个不相等的数变为相等的数。某些复杂的应用题没有直接告诉我们两个数的和与差，可以通过转化求它们的和与差，再按照和差问题的解法来解答。

（3）这类题型的基本数量关系是：

（和－差）÷2＝小数，

小数＋差＝大数（和－小数＝大数）；

（和＋差）÷2＝大数，

大数－差＝小数（和－大数＝小数）。

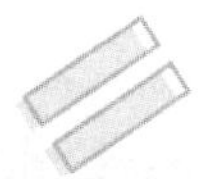

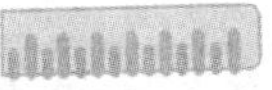

例：姐姐今年13岁，弟弟今年9岁，当姐弟年龄的和是40岁时，两人各是多少岁？

分析：①年龄差不会变，今年的年龄差是13－9=4，几年后也不会改变。

②几年后年龄和是40，年龄差是4，转化为和差问题。

解：几年后，姐姐的年龄：

（40+4）÷2=22（岁），

弟弟的年龄：

（40－4）÷2=18（岁）。

答：姐姐22岁，弟弟18岁。

2. 差倍型年龄问题

差倍型年龄问题是指两个数量之间的差和他们之间的倍数关系，随着一个或者两个数量的增加或者减少而发生改变的一类应用题。

差倍型年龄问题解题规律：

（1）两人的年龄差不变。

（2）两人年龄的倍数每年都会改变，越往后倍数越小。

（3）变倍问题牢固树立抓“不变量”的思想，变倍问题中的不变量，一般有三类，如下：

①若甲是乙的2倍，甲是丙的3倍，则不变量是甲。

②若甲是乙的3倍，当甲给乙一部分后，甲变成乙的2倍，则不变量是甲、乙之和。

③若甲是乙的3倍，当甲、乙都减少一部分后，甲变成乙的4倍，则不变量是甲、乙之差。也就是同增同减差不变。

（4）这类题的基本数量关系是：

差÷（倍数－1）＝小数（1倍数），

小数×倍数＝大数，

小数＋差＝大数。

例：小军今年8岁，爸爸今年34岁，几年后，爸爸的年龄的小军的3倍？

分析：①年龄差不会变，今年的年龄差是34－8＝26，到几年后仍然不会变。

②差÷（倍数－1）＝小数（1倍数）。

解：几年后小军的年龄是：

26÷（3－1）＝13（岁），

爸爸的年龄是：

13×3＝39岁。

13－8＝5（年）。

答：5年后，爸爸的年龄是小军的3倍。

3. 和倍型年龄问题

和倍问题是指已知两个数量之间的和与它们的倍数关系，求大小两个数的应用题。

和倍型年龄问题解题规律：

（1）这类题跟差倍问题有极其相似之处，除了抓住年龄倍数的关系，我们还可以根据题意，画出线段图，使数量关系一目了然。

（2）和倍问题的数量关系是：

和÷（倍数＋1）＝小数（1倍数），

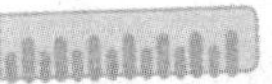

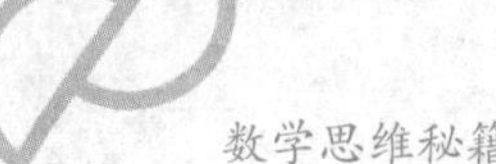

小数×倍数=大数，

和－小数=大数。

例：小红和妈妈的年龄加在一起是40岁，妈妈年龄是小红年龄的4倍。小红和妈妈各多少岁？

分析：如果把小红的年龄作为1倍，妈妈的年龄是小红年龄的4倍，那么小红和妈妈的年龄和就相当于小红年龄的1+4=5（倍），即40岁是小红年龄的5倍，这样就可以求出1倍量是多少，也就可以求出几倍量（4倍）是多少了。

解：4+1=5，

40÷5=8（岁），

8×4=32（岁）。

答：小红的年龄是8岁，妈妈的年龄是32岁。

4. 年龄问题基本规律

（1）年龄问题变化关系的三个基本规律：

①两人年龄的倍数关系是变化的量；

②每个人的年龄随着时间的增加都增加相等的量；

③两个人之间的年龄差不变。

（2）年龄问题的解题要点：

①入手：分析题意从表示年龄间倍数关系的条件入手，理解数量关系；

②关键：抓住“年龄差”不变；

③解法：应用“差倍”“和倍”或“和差”问题数量关系式；

④陷阱：求过去、现在、将来。

应用习题与解析

1. 基础练习题

（1）姐姐今年15岁，妹妹今年12岁，当她们的年龄和是39岁时，妹妹（　　）岁。

考点：和差型年龄问题。

答案：18

分析：利用年龄同增同减的思路。

解：姐妹俩今年的年龄之和是：

$15+12=27$（岁），

年龄之和到达39岁时需要的年限是：

$(39-27)\div 2=6$（年）。

那时妹妹的年龄是：

$12+6=18$（岁）。

（2）爸爸今年50岁，哥哥今年14岁，（　　）年前，爸爸的年龄是哥哥的5倍。

考点：差倍型年龄问题。

答案：5

分析：不管过了多少年，年龄差是不变的，当爸爸的年龄是哥哥的5倍时，年龄差仍是 $50-14=36$（岁）。问什么时候爸爸的年龄是哥哥的5倍，实际上年龄差就是哥哥的 $5-1=4$（倍）。

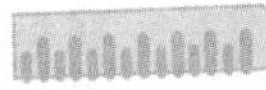

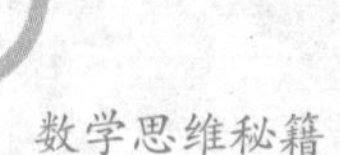

解：（50−14）÷4=9（岁），

14−9=5（年）。

（3）今年姐妹两人的年龄和是50岁，曾经有一年，姐姐的年龄与妹妹今年的年龄相同，且那时姐姐的年龄恰好是妹妹年龄的2倍。姐姐今年（　　）岁。

考点：和倍型年龄问题。

答案：30

分析：当姐姐的年龄恰好是妹妹年龄的2倍时，我们设那时妹妹的年龄是1份，那么姐姐的年龄就是2份，姐姐与妹妹的年龄差就是1份。因为那时姐姐的年龄与妹妹今年的年龄相同，所以妹妹今年的年龄也是2份。因为年龄差不变，所以今年姐姐的年龄应该是2+1=3份。

解：今年姐妹两人的年龄和是50岁，对应：

2+3=5（份），

求出1份是：

50÷5=10（岁），

那么姐姐今年的年龄是：

10×3=30（岁）。

（4）爸爸、妈妈今年年龄和为71岁，10年后爸爸比妈妈大5岁，今年妈妈（　　）岁，爸爸（　　）岁。

考点：和差型年龄问题。

答案：33　38

分析：首先明确，爸爸比妈妈大的年龄差是不变的，10年后爸爸比妈妈大5岁，今年爸爸也比妈妈大5岁。

解：则爸爸年龄为：

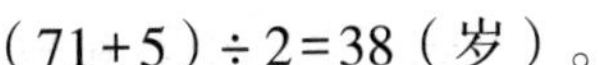

（71＋5）÷2＝38（岁）。

妈妈年龄为：

（71－5）÷2＝33（岁）。

（5）今年小玲8岁，她父亲36岁，当两人年龄和是62岁时，两人年龄各多少岁？

考点：和差型年龄问题。

答案：45　17

分析：在年龄问题中，必须记住两人的年龄差不变这个解题关键。题中没有给出小玲和父亲的年龄之差，但是已知两人今年的年龄，那么两人的年龄差是36－8＝28（岁），无论再过多少年，两人的年龄差是保持不变的，所以当两人年龄和为62岁时，他们的年龄差仍是28岁，根据和差问题就可解此题。

解：父亲的年龄：

[62＋（36－8）]÷2

＝（62＋28）÷2

＝90÷2

＝45（岁）。

小玲的年龄：

62－45＝17（岁）。

（6）哥哥和弟弟两人3年后年龄和是27岁，弟弟今年的年龄正好是哥哥和弟弟两人年龄的差。哥哥今年（　　）岁，弟弟今年（　　）岁。

考点：和倍型年龄问题。

答案：14　7

分析：从题中“哥哥和弟弟两人3年后年龄和是27岁”可知，哥哥和弟弟今年的年龄和是$27-3\times2=21$（岁）；从“弟弟今年的年龄正好是哥哥和弟弟两人的年龄差”，即哥哥年龄−弟弟年龄=弟弟年龄，可知，哥哥今年的年龄是弟弟年龄的2倍，弟弟年龄是哥哥年龄的$\frac{1}{2}$。

解：弟弟今年的年龄：

$(27-3\times2)\div(1+2)$

$=(27-6)\div3$

$=21\div3$

$=7$（岁）。

哥哥今年的年龄：

$7\times2=14$（岁）。

或$(27-3\times2)\div\left(1+\frac{1}{2}\right)$

$=(27-6)\div\frac{3}{2}$

$=21\times\frac{2}{3}$

$=14$（岁），

$14\times\frac{1}{2}=7$（岁）。

（7）今年弟弟6岁，哥哥15岁，当两人的年龄和为65岁时，哥哥（　　）岁，弟弟（　　）岁。

考点：和差型年龄问题。

答案：37　28

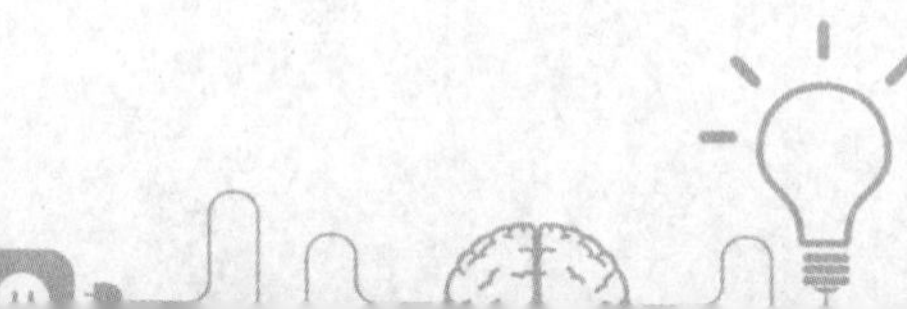

分析：年龄问题的特殊之处就在于不管到什么时候两人的年龄差都是不变的。今年相差多少岁，数年后依然是相差多少岁。

哥哥弟弟的年龄差是多少呢？很显然，他们的年龄差是9岁。知道两人的年龄差，也知道两个人的年龄和，用和差公式即可求解。

解：哥哥与弟弟的年龄差为15−6=9（岁），

哥哥的年龄为（65+9）÷2=37（岁），

弟弟的年龄为（65−9）÷2=28（岁），

或37−9=28（岁）。

（8）今年母女两人的年龄和是42岁，3年后母亲年龄是女儿年龄的3倍，今年女儿（　　）岁。

考点：和倍型年龄问题。

答案：9

分析：这也是一道年龄问题，这个问题稍微有点难。知道今年母女二人的年龄和，题目的另一条件是，3年后，母亲年龄是女儿年龄的3倍。

条件相对比较复杂，我们稍微梳理一下。3年后母亲增长3岁，女儿也增长3岁，所以说两个人的年龄和在今年的基础上共增长了6岁。

由于题目说届时母亲年龄是女儿年龄的3倍，也就是说两人的年龄和是女儿年龄的4倍。这样我们可以求出女儿年龄。

当我们把问题这样一转换，这题就明了许多，变成了和倍问题。

但是这时候算出来的年龄是3年后女儿的年龄。

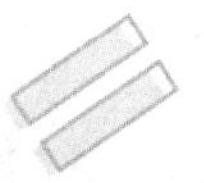

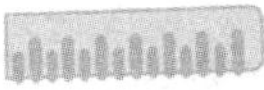

题目问的是今年女儿的年龄，因此在算出结果之后，还需要再减3岁。

解：3年后母女两人年龄和为：

42+3+3=48（岁）。

3年后女儿的年龄为：

48÷（3+1）=12（岁）。

今年女儿年龄为

12−3=9（岁）。

2. 提高练习题

（1）爸爸15年前的年龄相当于儿子12年后的年龄，当爸爸的年龄是儿子的4倍时，爸爸多少岁？

考点：差倍型年龄问题。

分析：根据“爸爸15年前的年龄相当于儿子12年后的年龄”，知道爸爸的年龄−15=儿子的年龄+12，由此即可求出爸爸比儿子大的岁数，又因为年龄差不会随时间变化，所以根据差倍公式即可求出爸爸的年龄。

解：父子的年龄差为15+12=27（岁），

儿子的年龄为27÷（4−1）=9（岁），

爸爸的年龄为9×4=36（岁）。

答：当爸爸的年龄是儿子的4倍时，爸爸36岁。

（2）妈妈今年43岁，女儿今年11岁，几年后妈妈的年龄是女儿的3倍？

考点：差倍型年龄问题。

分析：这类问题我们得先搞清楚，不管什么时候妈妈的年龄和女儿的年龄差是不变的：43−11=32（岁）；当妈妈

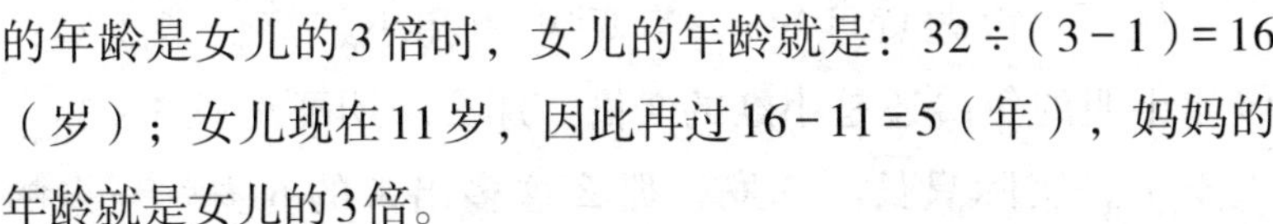

的年龄是女儿的3倍时，女儿的年龄就是：32÷（3－1）=16（岁）；女儿现在11岁，因此再过16－11=5（年），妈妈的年龄就是女儿的3倍。

解：（43－11）÷（3－1）

=32÷2

=16（岁），

16－11=5（年）。

答：5年后妈妈的年龄是女儿的3倍。

（3）爸爸今年的年龄是儿子的4倍，3年前爸爸和儿子的年龄和是39岁，爸爸和儿子今年各多少岁？

考点：和倍型年龄问题。

分析：从3年前到现在，爸爸和儿子都长了3岁，他们今年的年龄和是39+3×2=45（岁）；根据题目中已知的爸爸今年的年龄是儿子的4倍，我们把这个问题转化为和倍问题，不难算出儿子的年龄为：45÷（1+4）=9（岁），所以爸爸的年龄是9×4=36（岁）。

解：（39+3×2）÷（1+4）

=（39+6）÷5

=45÷5

=9（岁），

9×4=36（岁）。

答：爸爸今年36岁，儿子今年9岁。

（4）今年小明的年龄是小红的3倍，3年后小明的年龄是小红的2倍。今年小明和小红各多少岁？

考点：和倍型年龄问题。

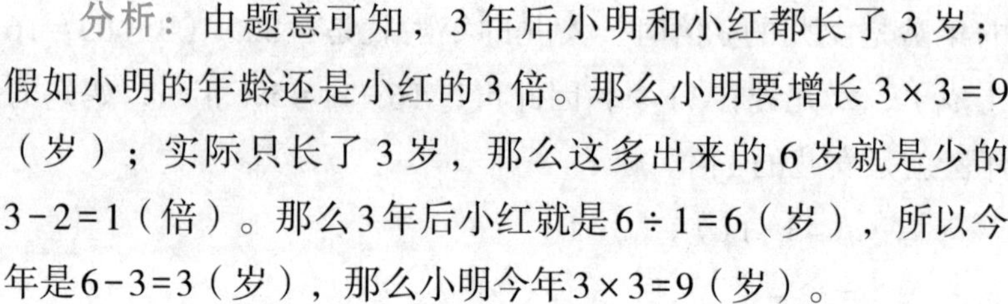

分析：由题意可知，3 年后小明和小红都长了 3 岁；假如小明的年龄还是小红的 3 倍。那么小明要增长 $3\times3=9$（岁）；实际只长了 3 岁，那么这多出来的 6 岁就是少的 $3-2=1$（倍）。那么 3 年后小红就是 $6\div1=6$（岁），所以今年是 $6-3=3$（岁），那么小明今年 $3\times3=9$（岁）。

解：$(3\times3-3)\div(3-2)$

$=(9-3)\div1$

$=6\div1$

$=6$（岁），

$6-3=3$（岁），

$3\times3=9$（岁）。

答：今年小明 9 岁，小红 3 岁。

（5）哥哥今年 28 岁，弟弟今年 26 岁，再过多少年，哥哥和弟弟的年龄之和为 80 岁？

考点：和差型年龄问题。

分析：根据题目意思，我们先求出今年哥哥和弟弟的年龄和：$28+26=54$（岁）；当哥哥和弟弟的年龄和等于 80 岁时，与现在哥哥弟弟年龄之和的差为 $80-54=26$（岁）。

解：$[80-(28+26)]\div2$

$=(80-54)\div2$

$=26\div2$

$=13$（年）。

答：再过 13 年，哥哥和弟弟的年龄之和为 80 岁。

（6）爸爸、妈妈和儿子三人，爸爸的年龄比妈妈大 3 岁，今年全家年龄总和为 71 岁，8 年前全家的总和是 49 岁。

求今年3人各是多少岁。

考点：和差型年龄问题。

分析：由“今年全家年龄总和为71岁”，可算出8年前三人年龄和应该为71－3×8=47（岁）。我们会发现这个结果跟题目给的已知条件不一致，这只能说明8年前儿子还没有出生。那么49－47=2（岁），由这相差的2岁，我们就能算出儿子今年8－2=6（岁），再算出今年爸爸妈妈年龄总和为71－6=65（岁）。因题目中爸爸的年龄比妈妈大3岁，我们再根据和差问题算出爸爸的年龄为（65+3）÷2=34（岁），妈妈的年龄为34－3=31（岁）。

解：8年前三人年龄和为71－3×8=47（岁），

比已知条件多49－47=2（岁），

儿子的年龄为8－2=6（岁）。

今年爸爸妈妈年龄之和为71－6=65（岁），

今年爸爸的年龄为（65+3）÷2=34（岁），

今年妈妈的年龄为34－3=31（岁）。

答：今年爸爸34岁，妈妈31岁，儿子6岁。

（7）儿子今年10岁，5年前母亲的年龄是他的6倍，母亲今年多少岁？

考点：差倍型年龄问题。

分析：儿子今年10岁，5年前的年龄为5岁，那么5年前母亲的年龄为5×6=30（岁）。

解：（10－5）×6+5=35（岁）。

答：母亲今年35岁。

（8）今年爸爸48岁，儿子20岁，几年前爸爸的年龄是儿

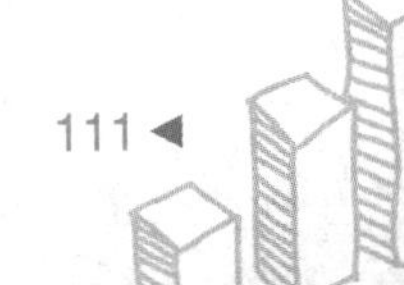

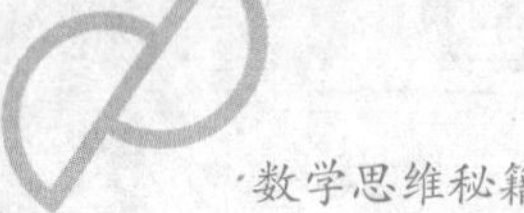

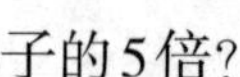

子的5倍?

考点:差倍型年龄问题。

分析:今年爸爸与儿子的年龄差为48－20=28(岁),因为两人的年龄差不随时间的变化而改变,所以当爸爸的年龄为儿子的5倍时,两人的年龄差还是这个数,这样就可以用“差倍问题”的解法。

解:当爸爸的年龄是儿子年龄的5倍时,儿子的年龄是

(48－20)÷(5－1)

=28÷4

=7(岁),

20－7=13(年)。

答:13年前爸爸的年龄是儿子年龄的5倍。

(9)兄弟两人的年龄相差5岁,兄3年后的年龄为弟4年前的3倍。兄、弟两人今年各多少岁?

考点:差倍型年龄问题。

分析:根据题意,作示意图(图3.2-1)。

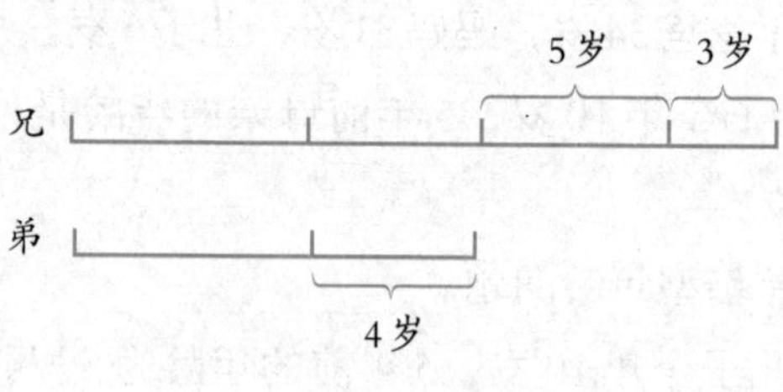

图 3.2-1

解:由图3.2-1可以看出,兄3年后的年龄比弟4年前的年龄大5+3+4=12(岁),

弟4年前的年龄为:

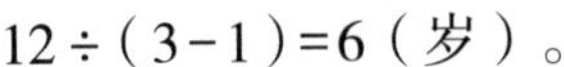

12÷（3-1）=6（岁）。

弟今年的年龄为：

6+4=10（岁），

兄今年的年龄为：

10+5=15（岁）。

答：兄弟二人今年分别是15岁和10岁。

（10）今年兄弟二人年龄之和为55岁，哥哥某一年的年龄与弟弟今年的年龄相同，那一年哥哥的年龄恰好是弟弟年龄的2倍。哥哥今年多少岁？

考点：和倍型年龄问题。

分析：在哥哥的年龄是弟弟年龄的2倍的那一年，若把弟弟的年龄看成1份，那么哥哥的年龄比弟弟多1份，哥哥与弟弟的年龄差是1份。又因为那一年哥哥年龄与今年弟弟年龄相等，所以今年弟弟年龄为2份，今年哥哥年龄为2+1=3（份）（图3.2-2所示）。

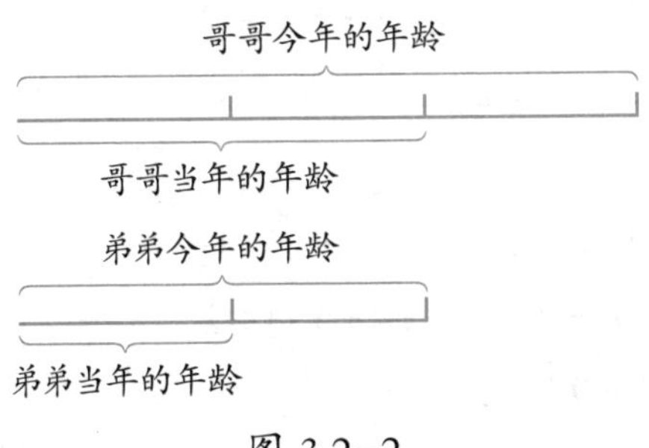

图 3.2-2

解：哥哥今年的年龄为：

55÷（3+2）×3

=55÷5×3

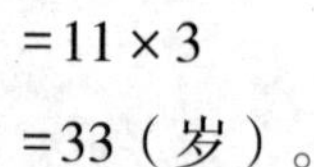

=11×3

=33（岁）。

答：哥哥今年33岁。

奥数例题与解析

例1：哥哥5年前的年龄与妹妹4年后的年龄相等，哥哥2年后的年龄与妹妹8年后的年龄和为97岁。两人今年各多少岁？

分析：由“哥哥5年前的年龄与妹妹4年后的年龄相等”可知，兄妹两人的年龄差为4+5=9岁。由“哥哥2年后的年龄与妹妹8年后的年龄和为97（岁）”，可知兄妹两人今年的年龄和为97−2−8=87（岁）。

解：［（97−2−8）+（4+5）］÷2

=（87+9）÷2

=96÷2

=48（岁），

［（97−2−8）−（4+5）］÷2

=（87−9）÷2

=78÷2

=39（岁）。

答：哥哥今年48岁，妹妹今年39岁。

例2：兄弟俩今年的年龄和是30岁，当哥哥像弟弟现在这

样大时，弟弟的年龄恰好是哥哥年龄的一半。哥哥今年几岁？

分析：根据条件“当哥哥像弟弟现在这样大时，弟弟的年龄恰好是哥哥年龄的一半”，说明兄弟二人的年龄和30岁正好相当于5个年龄差，其中哥哥今年年龄相当于3个年龄差。

解：30÷5×3=18（岁）。

答：哥哥今年18岁。

例3：爸爸、妈妈今年的年龄和是86岁，5年后，爸爸比妈妈大6岁。今年爸爸、妈妈两人各多少岁？

分析：“5年后，爸爸比妈妈大6岁”，则今年爸爸比妈妈也是大6岁。根据爸爸、妈妈今年的年龄和、年龄差，由和差问题的数量关系式，可以求出两人今年的年龄。

解：爸爸的年龄为（86+6）÷2=46（岁），

妈妈的年龄为86−46=40（岁）。

答：今年爸爸、妈妈分别46岁、40岁。

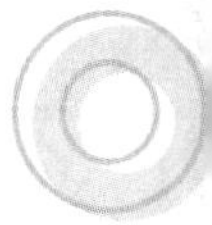

例4：父亲今年比儿子大30岁，3年后，父亲的年龄是儿子的4倍。儿子今年几岁？

分析：3年后，父子的年龄差不变，即3年后，父亲比儿子还是大30岁，且父亲的年龄是儿子的4倍。根据差倍问题的数量关系式，可以求出3年后儿子的年龄。

解：3年后儿子的年龄为30÷（4−1）=10（岁）。

儿子今年的年龄是10−3=7（岁）。

答：儿子今年7岁。

例5：3年前，父亲与儿子的年龄和是49岁，现在父亲的年龄是儿子的4倍。父子今年各多少岁？

分析：先求出父子今年的年龄和。3年前，父亲与儿子的

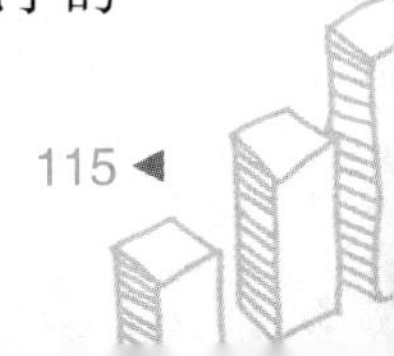
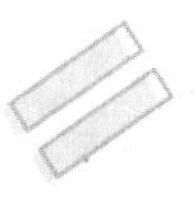

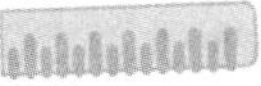

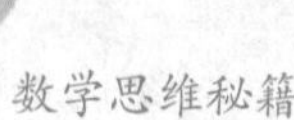

年龄和是49岁，现在父子的年龄和就是：$49+3\times2=55$（岁）。再由和倍问题的数量关系式，可以求出父子今年的年龄。

解：儿子的年龄为：

$(49+3\times2)\div(4+1)$

$=(49+6)\div5$

$=55\div5$

$=11$（岁），

父亲的年龄为$55-11=44$（岁）。

答：父子今年分别是44岁、11岁。

例6：6年前，母亲的年龄是儿子的5倍，6年后，母子的年龄和是78岁。母亲今年多少岁？

分析：先求出6年前母子的年龄和。母子今年的年龄和是：$78-6\times2=66$（岁）；母子6年前的年龄和是：$66-6\times2=54$（岁）。

再由和倍问题的数量关系式，可以求出母亲6年前的年龄。

解：6年前母子的年龄和为$78-6\times2\times2=54$（岁），

6年前儿子的年龄为$54\div(5+1)=9$（岁），

6年前母亲的年龄为$54-9=45$（岁），

母亲今年的年龄为$45+6=51$（岁）。

答：母亲今年51岁。

例7：一家三口人，三人年龄之和是72岁，妈妈和爸爸同岁，妈妈的年龄是孩子的4倍。三人各多少岁？

分析：妈妈的年龄是孩子的4倍，爸爸和妈妈同岁，那么爸爸的年龄也是孩子的4倍，把孩子的年龄作为1倍数，爸爸

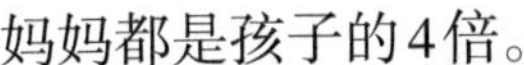

妈妈都是孩子的4倍。

解：孩子的年龄为72÷（1+4+4）=8（岁），

妈妈的年龄为8×4=32（岁），

爸爸和妈妈同岁，为32岁。

答：爸爸、妈妈和孩子的年龄分别是32岁、32岁和8岁。

例8：父子年龄之和是45岁，再过5年，父亲的年龄正好是儿子的4倍。父子今年各多少岁？

分析：再过5年，父子俩一共长了10岁，那时他们的年龄之和是45+10=55（岁），由于父亲的年龄是儿子的4倍，因此55岁相当于儿子年龄的4+1=5（倍），可以先求出儿子5年后的年龄，再求出父子今年的年龄。

解：父子5年后的年龄和为45+5×2=55（岁），

5年后儿子的年龄为55÷（4+1）=11（岁）。

儿子今年的年龄为11−5=6（岁），

父亲今年的年龄为45−6=39（岁）。

答：父子今年分别是39岁和6岁。

例9：父子年龄之和是60岁，8年前父亲的年龄正好是儿子的3倍。父子今年各多少岁？

分析：由已知条件可以得出，8年前父子年龄之和是60−8×2=44（岁），又知道8年前父亲的年龄正好是儿子的3倍，由此可计算出8年前父子各多少岁。

解：儿子8年前的年龄为：

（60−8×2）÷（3+1）

=（60−16）÷4

=44÷4

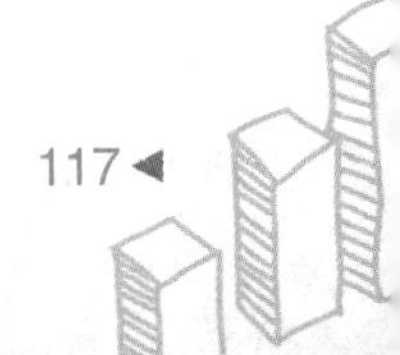

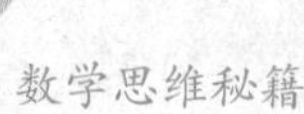

=11（岁），

儿子今年的年龄为11+8=19（岁）。

父亲今年的年龄为60－19=41（岁）。

答：父子今年分别是41岁和19岁。

例10：小明每次过公历的生日都要在蛋糕上插蜡烛，今天又是小明的生日，从出生到今天，他的生日蛋糕上一共插了24根蜡烛。小明今天过的是几岁生日？

分析：1+2+3+4+5+6=21，1+2+3+4+5+6+7=28，无法达到24。所以小明不是每年都能过生日，只有2月29日会使得他每四年过一次生日。

解：24÷4=6，6=1+2+3，

小明过得是4岁、8岁、12岁生日。

所以小明今天过的是12岁生日。

答：小明今天过的是12岁生日。

课外练习与答案

1. 基础练习题

（1）兄弟两人的年龄相差5岁，哥哥7年后的年龄是弟弟4年前年龄的3倍。兄弟两人今年各多少岁？

（2）父亲今年32岁，儿子今年5岁，几年后父亲的年龄是儿子的4倍？

（3）甲、乙两人的年龄和是63岁。当甲是乙现在年龄的

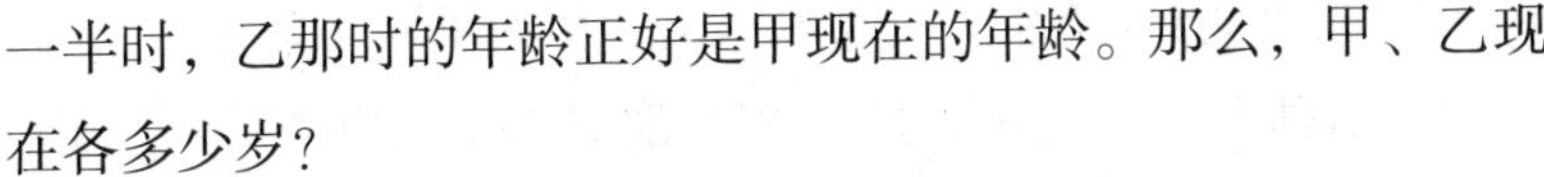

一半时，乙那时的年龄正好是甲现在的年龄。那么，甲、乙现在各多少岁？

（4）李军5年前的年龄与陈华6年后的年龄相等，李军8年后的年龄与陈华10年后的年龄的和是77岁。李军和陈华今年各多少岁？

（5）有一个四口之家，成员为父亲、母亲、女儿和儿子。今年他们的年龄加在一起，共75岁。其中父亲比母亲大3岁，儿子比女儿大2岁。又知4年前，家里所有人的年龄之和是60岁。母亲今年多少岁？

（6）哥哥现在的年龄是弟弟当年年龄的3倍，哥哥当年的年龄与弟弟现在的年龄相同，哥哥与弟弟现在的年龄和为30岁。哥哥现在多少岁？

（7）爸爸、哥哥、妹妹三人现在的年龄和是64岁。当爸爸的年龄是哥哥的年龄的3倍时，妹妹9岁；当哥哥的年龄是妹妹的年龄的2倍时，爸爸的年龄是34岁。现在三人的年龄各是几岁？

（8）现在儿子的年龄是爸爸年龄的四分之一，三年前父子年龄之和是49岁。求父子现在年龄各是几岁。

（9）父亲47岁，儿子21岁。几年前父亲年龄是儿子年龄的3倍？

2. 提高练习题

（1）甲的年龄数字颠倒过来恰好是乙的年龄，两人年龄和为99岁，甲比乙大9岁。甲的年龄是多少岁？

（2）妈妈今年35岁，恰好是女儿年龄的7倍。多少年后，妈妈的年龄恰好是女儿年龄的3倍？

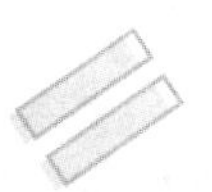

（3）小明今年8岁，他与爸爸、妈妈的年龄和是81岁。多少年后他们的平均年龄是34岁？那时小明几岁？

（4）小冬今年12岁，5年前，爷爷的年龄是小冬年龄的9倍。爷爷今年多少岁？

（5）爸爸15年前的年龄相当于儿子12年后的年龄，当爸爸的年龄是儿子年龄的4倍时，爸爸多少岁？

（6）今年，祖父的年龄是小明年龄的6倍，几年后，祖父的年龄将是小明年龄的5倍；再过几年，祖父的年龄将是小明年龄的4倍。求祖父今年多少岁。

（7）今年爸爸38岁，长子10岁，次子7岁。几年后两个儿子的年龄和等于爸爸的年龄？

（8）祖父年龄90岁，长孙年龄21岁，次孙年龄19岁。几年前，祖父的年龄是两个孙子年龄和的3倍？

（9）今年叔叔的年龄是元元年龄的9倍，5年后，叔叔的年龄是元元年龄的4倍。今年叔叔和元元的年龄各是多少？

3. 经典练习题

（1）妈妈今年32岁，儿子今年8岁，几年前妈妈的年龄是儿子年龄的9倍？

（2）父亲36岁，儿子4岁，几年后父亲的年龄是儿子年龄的3倍？

（3）父子两人的年龄相差24岁，父亲的年龄是儿子的7倍。父子各多少岁？

（4）母亲现在的年龄是儿子年龄的4倍，儿子在母亲27岁时出生的。母亲现在是多少岁？

（5）三年前，爸爸的年龄正好是儿子小刚年龄的6倍，

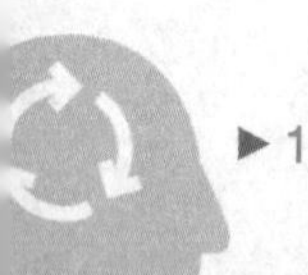

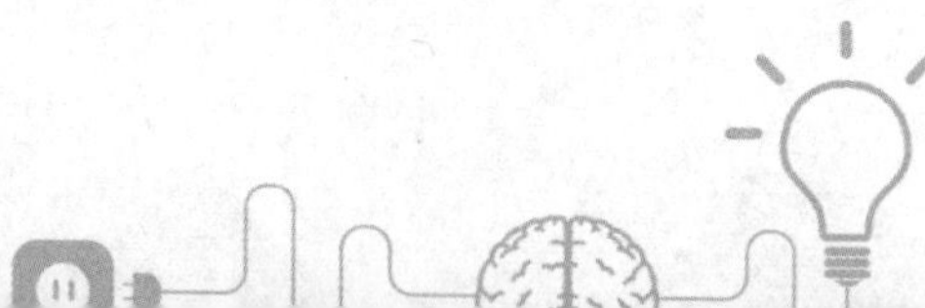

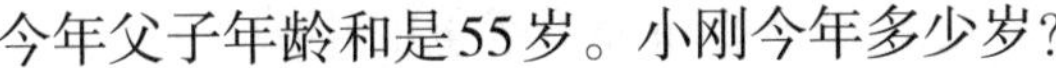

今年父子年龄和是55岁。小刚今年多少岁？

（6）小刚说："去年爸爸比妈妈大4岁，我比妈妈小26岁。"今年小刚的爸爸比小刚大几岁？

（7）老张、阿明和小红三人共91岁，已知阿明22岁，是小红年龄的2倍。问老张多少岁？

答 案

1. 基础练习题

（1）哥哥今年17岁，弟弟今年12岁。

（2）4年后父亲的年龄是儿子的4倍。

（3）甲现在27岁，乙现在36岁。

（4）李军今年35岁，陈华今年24岁。

（5）母亲今年32岁。

（6）哥哥现在18岁。

（7）现在爸爸40岁，哥哥14岁，妹妹10岁。

（8）父亲今年44岁，儿子今年11岁。

（9）8年前父亲的年龄是儿子的年龄的3倍。

2. 提高练习题

（1）甲的年龄是54岁。

（2）10年后，妈妈的年龄恰好是女儿的3倍。

（3）7年后他们的平均年龄是34岁, 那时小明15岁。

（4）爷爷今年68岁。

（5）爸爸36岁。

（6）祖父今年72岁。

（7）21年后两个儿子的年龄和等于爸爸的年龄。

（8）6年前，祖父的年龄是两个孙子年龄和的3倍。

（9）今年叔叔27岁，元元3岁。

3. 经典练习题

（1）5年前妈妈的年龄是儿子年龄的9倍。

（2）12年后父亲的年龄是儿子年龄的3倍。

（3）父亲今年28岁，儿子今年4岁。

（4）母亲现在36岁。

（5）小刚今年10岁。

（6）小刚的爸爸比小刚大30岁。

（7）老张58岁。

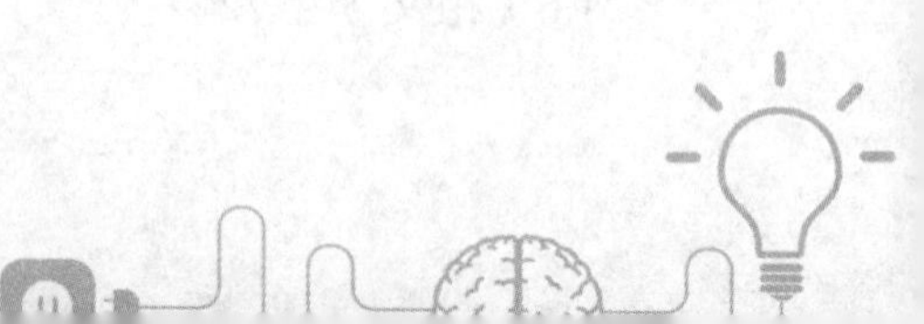